高等职业教育专业教材

无机及分析化学综合实训

牛洪波　主编

中国轻工业出版社

图书在版编目（CIP）数据

无机及分析化学综合实训/牛洪波主编. —北京：中国轻工业出版社，2023.9

高等职业教育"十二五"规划教材

ISBN 978-7-5184-0217-5

Ⅰ.①无… Ⅱ.①牛… Ⅲ.①无机化学－高等职业教育－教学参考资料②分析化学－高等职业教育－教学参考资料 Ⅳ.①O61②O65

中国版本图书馆 CIP 数据核字（2015）第 017537 号

责任编辑：江　娟

策划编辑：江　娟　　责任终审：滕炎福　　封面设计：锋尚设计
版式设计：宋振全　　责任校对：吴大朋　　责任监印：张　可

出版发行：中国轻工业出版社（北京东长安街6号，邮编：100740）

印　　刷：三河市万龙印装有限公司

经　　销：各地新华书店

版　　次：2023年9月第1版第4次印刷

开　　本：720×1000　1/16　印张：8.5

字　　数：165千字

书　　号：ISBN 978-7-5184-0217-5　　定价：25.00元

邮购电话：010－65241695

发行电话：010－85119835　　传真：85113293

网　　址：http：//www.chlip.com.cn

Email：club@chlip.com.cn

如发现图书残缺请与我社邮购联系调换

231339J2C104ZBQ

编写人员名单

主　　编　牛洪波　烟台职业学院
副 主 编　赵晓华　滨州职业学院
　　　　　　高维锡　烟台职业学院
　　　　　　刘　斌　威海职业学院
主　　审　林　强　烟台职业学院
参编人员（按姓氏笔画排序）
　　　　　　王　莹　江苏农牧科技职业学院
　　　　　　李　华　烟台职业学院
　　　　　　邱召法　山东药品食品职业学院
　　　　　　张冬梅　威海市药品检验所
　　　　　　罗华丽　烟台职业学院
　　　　　　徐玉兰　烟台职业学院

前　　言

　　随着高等教育改革的不断深入，教学内容与课程体系都随之发生了较大变化。为了适应高职高专培养目标的要求，针对技能型人才的职业需求，我们编写了《无机及分析化学综合实训》。

　　本教材根据食品类专业课程及生物技术类专业课程改革的要求组织编写。在编写过程中根据企业调研及各专业课程组教师共同商榷，进行内容的选取与组织。除了二十三个实训外，增加了实验室基本知识、无机及分析化学基础实验，以满足后续课程实验实训的需求，实现了本课程为后续课程夯实基础的任务目标。另外，聘请企业专家参与编写，将企业标准和技术规范融入其中，使本教材更具有先进性与实用性。

　　本教材共分为三章。第一章为实验室基础知识，包括实验室守则、实验室常见事故及处理技术、化学试剂常识、常用玻璃仪器及反应装置、实验数据记录与处理。第二章为无机及分析化学基础实验，包括器皿的洗涤与干燥、加热与固体物质的干燥技术、沉淀与过滤技术、萃取与洗涤技术、蒸馏与分馏技术、滴定分析技术、仪器校准技术、分析天平使用技术、溶液配制与标定技术。第三章为无机及分析化学实训项目，甄选了食检、药检、化检等不同行业二十三个实训。实训中涵盖了无机与分析化学基本理论与技能操作中的各个要素与技能，以促使学生化学分析检测技能的形成与提高。附录为实验室常用的数据，为学生进行溶液配制、指示剂选择与配制、实验数据处理等提供帮助。

　　由于编者水平有限，书中不足之处在所难免，欢迎读者批评指正。

编者

2014 年 12 月

目 录

第一章 实验室基础知识 ... 1
- 第一节 实验室守则 ... 1
- 第二节 实验室常见事故及处理技术 ... 2
- 第三节 化学试剂常识 ... 4
- 第四节 常用玻璃仪器及反应装置 ... 8
- 第五节 实验数据记录与处理 ... 13

第二章 无机及分析化学基础实验 ... 16
- 实验一 器皿的洗涤与干燥 ... 16
- 实验二 加热与固体物质的干燥技术 ... 17
- 实验三 沉淀与过滤技术 ... 20
- 实验四 萃取与洗涤技术 ... 22
- 实验五 蒸馏与分馏技术 ... 23
- 实验六 滴定分析技术 ... 28
- 实验七 仪器校准技术 ... 35
- 实验八 分析天平使用技术 ... 36
- 实验九 溶液配制与标定技术 ... 40

第三章 无机及分析化学实训项目 ... 46
- 实训一 食醋中总酸度的测定 ... 46
- 实训二 白酒中总酸度的测定 ... 49
- 实训三 水果罐头总酸度的测定 ... 51
- 实训四 阿司匹林含量的测定 ... 53
- 实训五 盐酸可卡因含量的测定 ... 55
- 实训六 沙丁醇胺含量的测定 ... 58
- 实训七 双指示剂法测定混合碱含量 ... 60
- 实训八 酸度计测自来水的pH ... 63
- 实训九 直接滴定法测还原性糖含量 ... 66
- 实训十 维生素C含量测定 ... 71
- 实训十一 果酒中总SO_2含量测定 ... 75

实训十二　食盐中碘含量测定 …………………………………………… 76
实训十三　果酒中单宁含量测定 …………………………………………… 79
实训十四　铁含量测定 ……………………………………………………… 83
实训十五　自来水总硬度的测定 …………………………………………… 86
实训十六　食品中钙含量测定 ……………………………………………… 89
实训十七　结晶 $AlCl_3$ 含量测定 …………………………………………… 93
实训十八　生理盐水中氯化钠含量测定 …………………………………… 95
实训十九　枸橼酸铋钾中铋含量测定 ……………………………………… 98
实训二十　谷物水分含量测定 ……………………………………………… 100
实训二十一　果胶含量测定 ………………………………………………… 103
实训二十二　茶叶中咖啡因的提取和元素分离鉴定 ……………………… 106
实训二十三　铁氧体法处理含铬废水 ……………………………………… 109

附　录 ……………………………………………………………………… 114

表 1　滴定分析中常用的基准物质 ………………………………………… 114
表 2　常用缓冲溶液及其配制方法 ………………………………………… 114
表 3　标准缓冲液 pH 与温度对照表 ……………………………………… 115
表 4　醋酸–醋酸钠缓冲液配比（0.2mol/L） …………………………… 116
表 5　磷酸盐缓冲液配比 …………………………………………………… 116
表 6　碳酸钠–碳酸氢钠缓冲液配比（0.1mol/L） ……………………… 117
表 7　常见酸碱指示剂 ……………………………………………………… 117
表 8　常见酸碱混合指示剂 ………………………………………………… 118
表 9　一些氧化还原指示剂的条件电极电势及颜色变化 ………………… 120
表 10　常见金属指示剂 …………………………………………………… 121
表 11　常见吸附指示剂 …………………………………………………… 122

第一章 实验室基础知识

第一节 实验室守则

一、操作安全守则

（1）分析人员必须认真学习分析规程和有关的安全技术规程。
（2）进行危险性的工作，应该有第二者陪伴。
（3）玻璃管等拆装的时候，应先用水浇湿，手上垫棉布。
（4）打开浓酸等，应戴防护用具，在通风橱中进行。
（5）夏天打开易挥发的溶液，应该用冷水冷却，瓶口不要对着人。
（6）稀释浓硫酸，要放在塑料盆中。
（7）蒸馏易燃液体严禁用明火。
（8）标签要与试液相符合。
（9）操作中不得离开岗位。
（10）禁止吸烟、进食，离室前要用肥皂洗手。
（11）应穿工作服，长发要扎起。
（12）工作完毕检查水、电、气、门、窗等。
（13）使用仪器时请严格遵守规定步骤和药品用量。
（14）使用仪器时请尽量不要将药品洒落到仪器内，如有倾洒，请及时告知老师给予清理。
（15）仪器使用完毕将其恢复原样。

二、清洁卫生守则

（1）实验室内布局合理，设备摆放整齐，禁止存放与实验无关的杂物。
（2）设备保养完好，无污渍破损，标识清楚。
（3）设备使用管理制度齐全，手续完备，记录完整。
（4）实验工作台、机器设备要干净整洁，摆放有序，无油污。
（5）室内墙面、门窗、管道、线路整洁干净、无灰尘。
（6）实验废弃物要及时清理干净，符合环保要求。
（7）地面无尘土、积水、油污、废料等垃圾。
（8）有实验室卫生值日制度并按时进行清扫。

三、用电安全制度

（1）管理人员应学习常规的用电安全操作和知识，了解供电、用电设施的操作规程。

（2）不得乱拉乱接电线，应选用安全、有保证的供电、用电器材。

（3）在真正接通设备电源之前必须先检查线路、接头是否安全连接以及设备是否已经就绪，人员是否已经具备安全保护。

（4）严禁随意对设备断电、更改设备供电线路，严禁随意串接、并接、搭接各种供电线路。

（5）如发现用电安全隐患应即时采取措施解决，不能解决的必须及时向相关负责人员提出解决。

（6）最后离开实验室的人员应检查所有用电设备，应关闭长时间带电运作可能会产生严重后果的用电设备。

（7）禁止在无人看管的情形下在实验室中使用高温、炽热、产生火花的用电设备。

（8）在使用功率超过特定瓦数的用电设备前，必须申请并得到上级主管批准，并在保证线路保险的基础上使用。

（9）注意节约用电。

第二节　实验室常见事故及处理技术

一、割　伤

割伤是实验中最常见的事故之一。为了避免割伤应注意以下几点：玻璃管或玻璃棒折断时不能用力过猛，以防破碎，截断后断面锋利，应在小火上烧熔使之变圆滑；将玻璃管或温度计插入塞子或橡皮管中时，应先检查塞孔大小是否合适，再涂点水或甘油润滑后，用布裹住逐渐旋转而入，同时拿玻璃管的手应靠近塞子，否则易使玻璃管折断，引起严重割伤；打扫桌面上碎玻璃及毛细管时，要小心以避免划伤。

发生割伤事故要及时处理，取出伤口内的玻璃碴，用水洗净伤口，用创可贴贴紧或涂以碘酒消毒后包扎，严重者要送医院治疗。

二、灼　伤

皮肤接触火焰或灼热物体（如烧热的铁圈、煤气灯管、玻璃管等）会造成灼伤，可涂以凡士林或烫伤膏，重伤者要请医生处理。如遇化学试剂灼伤，要根据不同情况采取不同的处理方法：因酸或碱灼伤时，应先用大量水冲洗，酸灼伤再用1%碳酸氢钠溶液冲洗，碱灼伤再用1%硼酸溶液冲洗，最后用水冲洗片刻，涂少量油脂；如酸引起的灼伤特别严重，应立即用水冲洗后用乙醇或2%硫代硫酸钠溶液洗至患处不再有黄色，再用甘油按摩，保持皮肤滋润；试剂溅入眼内，应立即用水冲洗15min，并尽快送医院治疗。

三、着　火

着火是实验室内经常面临的危险，如发生着火事故，切勿惊慌。实验室起火一般是由少量溶剂引起的，刚开始很容易控制，只要处理得当，一般不会造成严重的危害。水一般不能用来扑灭有机物着火，因为有机物往往比水轻，泼水后不但不会熄灭火焰，有机物反而会漂浮在水面上燃烧；少量溶剂着火，可用湿布或石棉布盖灭；如火势较大，首先要切断电源，关闭燃气开关，移开未着火的易燃物，然后根据易燃物的性质设法扑灭。油脂、电器及贵重仪器等着火时，要用二氧化碳灭火器灭火，灭火后不留痕迹，使用时应打开灭火器上面的开关，对准火源喷射，要注意手不能握住喇叭筒，以免冻伤；泡沫灭火器虽具有较好的灭火性能，但会喷出大量碳酸氢钠和氢氧化铝，会给后处理带来困难。如遇金属钠着火，要用细沙或石棉布扑灭。衣服着火时，不要在室内乱跑，应就近用水扑灭或卧倒打滚，闷熄火焰。

四、爆　炸

在实验时也可能发生爆炸事故，应引起高度重视。为杜绝事故，应注意下列几点：使用易燃易爆物（如乙炔、氢气、过氧化物、重氮盐等）或遇水易爆炸的物质（如钠、钾等）时，应严格按操作规程进行；浓硝酸、高氯酸和过氧化氢等氧化剂与有机物接触，极易引起爆炸，使用时应特别小心；有的放热反应过于猛烈，生成大量气体，也可能引起爆炸，所以应根据不同情况采取控制加料速度、冷冻或防护（如防护面罩、安全屏等）等措施；常压蒸馏或加热回流时，切勿在封闭系统内进行，并经常检查仪器各部分有无堵塞现象。减压蒸馏时，不得使用受压不均的仪器（如锥形瓶等），必要时要戴上防护面罩；发现燃气管、阀门漏气时，应立即关闭总阀门，打开窗户，并通知有关人员进行修理。

五、中　毒

化学试剂大多具有毒性，可引起急性或慢性中毒。产生中毒的主要原因是皮肤或呼吸道接触有毒试剂。为了防止中毒，除了保持室内通风、勤洗手外，还要注意下列几点：称量任何化学试剂都应使用药勺等工具移取，不得用手直接接触，更不能触及伤口，若试剂沾在皮肤上应及时用水冲洗干净；处理有毒物质（如氰化物、汞化物、硫酸二甲酯、有机磷和生物碱等）和腐蚀性物质（如溴、卤化氢、硫酸和硝酸等）应在通风橱中进行，并戴上防护眼镜和橡皮手套；对沾染过有毒物质的仪器、用具以及因打破温度计而洒出的水银，要采取适当的方法及时处理。若出现中毒症状，应到空气新鲜的地方休息，严重者应及时送医院治疗。

第三节 化学试剂常识

一、化学试剂的等级划分

试剂规格基本上按纯度（杂质含量的多少）划分，共有高纯、光谱纯、基准、分光纯、优级纯、分析纯和化学纯7种。国家和主管部门颁布质量指标的主要有优级纯、分析纯和化学纯三种。

（1）优级纯（GR） 又称一级品或保证试剂，纯度99.8%。这种试剂纯度最高，杂质含量最低，适合于重要精密的分析工作和科学研究工作。使用绿色瓶签。

（2）分析纯（AR） 又称二级试剂，纯度99.7%，略次于优级纯。适合于重要分析及一般研究工作。使用红色瓶签。

（3）化学纯（CP） 又称三级试剂，纯度不高于99.5%。适用于工矿、学校的一般分析工作。使用蓝色（深蓝色）瓶签。

（4）实验试剂（LR） 又称四级试剂。

（5）其他 除了上述四个级别外，目前市场上尚有如下常用试剂。

① 基准试剂（PR）：专门作为基准物用，可直接配制标准溶液。

② 光谱纯试剂（SP）：表示光谱纯净。但由于有机物在光谱上显示不出，所以有时主成分达不到99.9%以上，使用时必须注意，特别是作为基准物时，必须进行标定。

纯度远高于优级纯的试剂称作高纯试剂（≥99.99%）。

（6）国外试剂划分 目前，国外试剂厂生产的化学试剂的规格趋向于按用途划分，常见的如下。

① 生化试剂（BC）。
② 生物试剂（BR）。
③ 生物染色剂（BS）。
④ 配位滴定用（FCM）。

二、化学试剂的取用

1. 固体试剂的取用规则

（1）要用干净的药勺取用。用过的药勺必须洗净和擦干后才能使用，以免玷污试剂。

（2）取用试剂后应立即盖紧瓶盖，防止药剂与空气中的氧气等起反应。

（3）称量固体试剂时，必须注意不要取多，取多的药品，不能倒回原瓶。因为取出的药品已经接触空气，有可能已经受到污染，再倒回去容易污染瓶里的其他药剂。

（4）一般的固体试剂可以放在干净的纸或表面皿上称量；具有腐蚀性、强氧化性或易潮解的固体试剂不能在纸上称量，应放在玻璃容器内称量。如氢氧化钠有腐蚀性，又易潮解，最好是放在烧杯中称取，否则容易腐蚀天平。

（5）有毒的药品称取时要做好防护措施，如戴好口罩、手套等。

2. 液体试剂的取用规则

（1）从滴瓶中取液体试剂时，要用滴瓶中的滴管，滴管绝不能伸入所用的容器中，以免接触器壁而玷污药品。从试剂瓶中取少量液体试剂时，则需使用专用滴管。装有药品的滴管不得横置或滴管口向上斜放，以免液体流入滴管的胶皮帽中，腐蚀胶皮帽，再取试剂时污染瓶内其他药品。

（2）从细口瓶中取出液体试剂时，用倾注法。先将瓶塞取下，反放在桌面上，手握住试剂瓶上贴标签的一面，逐渐倾斜瓶子，让试剂沿着洁净的管壁流入试管或沿着洁净的玻璃棒注入烧杯中。取出所需量后，将试剂瓶口在容器上靠一下，再逐渐竖起瓶子，以免遗留在瓶口的液体滴流到瓶的外壁。

（3）在某些不需要准确体积的实验时，可以估计取出液体的量。例如，用滴管取用液体时，1mL相当于多少滴，5mL液体占容器的几分之几等。倒入的溶液的量，一般不超过其体积的1/3。

（4）定量取用液体时，用量筒或移液管取。量筒用于量度一定体积的液体，可根据需要选用不同量度的量筒，而取用准确的量时就必须使用移液管。

（5）取用挥发性强的试剂时要在通风橱中进行，做好安全防护措施。

三、化学试剂的存放

化学试剂管理是实验室系统管理的重要组成部分，是关系到检验结果正确与否和实验室人员安全及健康的一项系统工程。因此，化学试剂管理是实验室诸多管理中的一个非常重要的管理内容。

按安全管理之需，化学试剂传统上分为六类：爆炸品、易燃品、强氧化剂、强腐蚀剂、剧毒品及放射性试剂。此外，随着用途需要的变化，某些本来安全的试剂，会成为一定时期的管制品，如醋酸，本无危险，但成为毒品制造原料后，就成为安全管理中的管制品了。

易燃液体分三个等级：一级易燃液体，闪点在4℃，如汽油、乙醚、丙酮、环氧乙烷、环氧丙烷等；二级易燃液体，闪点在4~21℃的液体，如酒精、甲醇、甲苯、二甲苯、正丙醇、异丙醇、丙酸乙酯等；三级易燃液体，闪点在

21~45℃的液体，如煤油、柴油、松节油等。上述是易燃液体试剂的传统分类，易燃液体分类的判定要素为闪点和初始沸点两个指标，其中又以闪点为关键点。因为闪点是一个安全指标，可用于鉴定油品及其他可燃液体发生火灾的危险性。

1. 实验室中化学试剂的存放要点

（1）实验室操作区内的橱柜中及操作台上，只允许存放规定数量的化学试剂，不允许超量存放。

（2）化学试剂种类繁多，需严格按其性质（如剧毒、麻醉、易燃、易爆、易挥发、强腐蚀品等）贮存，要求分类存放。

2. 分类方法

一般按液体、固体分类。每一类又按有机、无机、危险品、低温贮存品等再次归类，按序排列，分别码放整齐，造册登记。每一类均应贴有标记。

3. 贮存要求

（1）易潮解吸湿、易失水风化、易挥发、易吸收二氧化碳、易氧化、易吸水变质的化学试剂，需密塞或蜡封保存。

（2）见光易变色、分解、氧化的化学试剂需避光保存，并贮存于棕色瓶子内。

（3）爆炸品、剧毒品、易燃品、腐蚀品等应单独存放。

（4）溴、氨水等应放在冰箱内，某些高活性试剂应低温干燥贮存。

（5）各种试剂均应包装完好，封口严密，标签完整，内容清晰，贮存条件明确。

（6）化学试剂保管员必须每周检查一次温湿度表，并记录，超出规定范围应及时调整。

（7）无标签的试剂未经验证之前不得发放。

（8）保持室内清洁、通风，保证室内一定的温湿度，保证所贮试剂的实际贮存条件符合规定要求。

（9）配制试剂的贮存

① 配制试剂一般在实验室操作区内保存，保存条件略低于化学试剂贮存室，因而这部分试剂的管理很重要。除执行化学试剂贮存要求外，还应特别注意其外观的变化。

② 由使用人负责保管，一般贮存3~6个月为宜，过期不得使用，需重新配制。

③ 注意避免阳光直射和室内通风。

④ 注意室内温湿度变化，夏季高温季节应放在冰箱内保存。

⑤ 配制试剂要封口严密，瓶口或盖损坏要及时更换。

（10）化学试剂的发放　试剂管理员负责试剂的发放工作，填写发放记录，检查包装完好、标签完好无误后方可发放。

四、剧毒化学试剂的存放

剧毒化学品是指按照国务院安全生产监督管理部门会同国务院公安、环保、卫生、质检、交通部门确定并公布的剧毒化学品目录中的化学品。一般是具有非常剧烈毒性危害的化学品，包括人工合成的化学品及其混合物（含农药）和天然毒素。

《危险化学品安全管理条例》第二十四条规定：剧毒化学品以及贮存数量构成重大危险源的其他危险化学品，应当在专用仓库内单独存放，并实行双人收发、双人保管制度。

1. 安全管理

（1）单位负责人为安全管理责任人，与当地公安机关具结保证，并签订安全责任状。

（2）有安全领导小组，由单位主要负责人和生产、保卫、仓库等部门负责人组成。

（3）使用、贮存、销售等人员以及部门负责人经过安全生产监督部门培训，取得上岗资质。

（4）有应急处置预案，每年演练一次，有记录。

2. 安全制度

（1）有各级岗位安全责任制，并张贴上墙。

（2）定期组织安全教育培训，有活动记录。

（3）定期进行安全检查，及时整改安全隐患，并有记录。

（4）有剧毒化学品安全生产操作规程、工艺标准、使用审批、领用、保管收发、安全管理、安全检查、隐患整改、废弃剧毒化学品和容器的处置、值班巡查、事故调查处理以及奖惩等制度，并严格执行，且装订成册。

3. 使用销售

（1）剧毒化学品的审批、领用、进出库、收发存根等台账登记清晰完整并保存一年。

（2）剧毒化学品使用要由单位负责人审批，实行双人领取双人监督使用。

（3）销售、贮存台账要完整，剧毒化学品的购买、运输、销售手续合法，流向记录完整，并保存一年。

（4）剧毒化学品的使用、销售、贮存、流向月报按时上报公安机关。

（5）废弃剧毒物品、容器（包括闲置等）有登记。

（6）有防泄漏、防毒、消毒、中和等安全器材和设施。

第四节　常用玻璃仪器及反应装置

一、常用玻璃仪器

常用玻璃仪器及其用途见表 1-1。

表 1-1　　　　　　　　　常用玻璃仪器及其用途

名称	主要用途	使用注意事项
烧杯	配制溶液、溶解样品等	加热时应置于石棉网上,使其受热均匀,一般不可烧干
锥形瓶	加热处理试样和容量分析滴定	加热时应置于石棉网上,使其受热均匀,一般不可烧干,磨口锥形瓶加热时要打开塞,非标准磨口要保持原配塞
碘量瓶	碘量法或其他生成挥发性物质的定量分析	加热时应置于石棉网上,使其受热均匀,一般不可烧干,碘量瓶加热时要打开塞
圆(平)底烧瓶	加热及蒸馏液体	一般避免直火加热,隔石棉网或各种加热浴加热
圆底蒸馏烧瓶	蒸馏;也可作少量气体发生反应器	一般避免直火加热,隔石棉网或各种加热浴加热
凯氏烧瓶	消解有机物质	置石棉网上加热,瓶口方向勿对向自己及他人
洗瓶	装纯化水洗涤仪器或装洗涤液洗涤沉淀	—
量筒、量杯	粗略地量取一定体积的液体用	不能加热,不能在其中配制溶液,不能在烘箱中烘烤;操作时要沿壁加入或倒出溶液
容量瓶	配制准确体积的标准溶液或被测溶液	非标准磨口塞要保持原配;漏水的不能用;不能在烘箱内烘烤,不能用火直接加热,可水浴加热
滴定管(25、50、100mL)	容量分析滴定操作。分酸式、碱式	活塞要原配,漏水的不能使用;不能加热,不能长期存放碱液;碱式管不能存放与橡皮作用的滴定液
微量滴定管(1、2、3、4、5、10mL)	微量或半微量分析滴定操作	只有活塞式;漏水的不能使用;不能加热;不能长期存放碱液
自动滴定管	自动滴定;可用于滴定液需隔绝空气的操作	除有与一般的滴定管相同的要求外,注意成套保管;另外,要配打气用双连球
移液管	准确地移取一定量的液体	不能加热;上端和尖端不可磕破

续表

名称	主要用途	使用注意事项
刻度吸管	准确地移取各种不同量的液体	不能加热；上端和尖端不可磕破
称量瓶	矮形用作测定干燥失重或在烘箱中烘干基准物；高形用于称量基准物、样品	不可盖紧磨口塞烘烤；磨口塞要原配
试剂瓶（细口瓶、广口瓶、棕色瓶）	细口瓶用于存放液体试剂；广口瓶用于装固体试剂；棕色瓶用于存放见光易分解的试剂	不能加热；不能在瓶内配制在操作过程放出大量热量的溶液；磨口塞要保持原配；放碱液的瓶子应使用橡皮塞，以免日久打不开
滴瓶	装需滴加的试剂	不能加热；不能在瓶内配制在操作过程放出大量热量的溶液；磨口塞要保持原配；放碱液的瓶子应使用橡皮塞，以免日久打不开
漏斗	长颈漏斗用于定量分析、过滤沉淀；短颈漏斗用作一般过滤	—
分液漏斗（滴液、球形、梨形、筒形）	分开两种互不相溶的液体；用于萃取分离和富集（多用梨形）；制备反应中加液体（多用球形及滴液漏斗）	磨口旋塞必须原配，漏水的漏斗不能使用
试管（普通试管、离心试管）	定性分析检验离子；离心试管可在离心机中借离心作用分离溶液和沉淀	硬质玻璃制的试管可直接在火焰上加热，但不能骤冷；离心管只能水浴加热
（纳氏）比色管	比色、比浊分析	不可直火加热；非标准磨口塞必须原配；注意保持管壁透明；不可用去污粉刷洗
冷凝管（直形、球形、蛇形、空气冷凝管）	用于冷却蒸馏出的液体，蛇形管适用于冷凝低沸点液体蒸气，空气冷凝管用于冷凝沸点150℃以上的液体蒸气	不可骤冷骤热；注意从下口进冷却水，上口出水
抽滤瓶	抽滤时接收滤液	属于厚壁容器，能耐负压；不可加热
表面皿	盖烧杯及漏斗等	不可直火加热；直径要略大于所盖容器
研钵	研磨固体试剂及试样等用；不能研磨与玻璃作用的物质	不能撞击；不能烘烤
干燥器	保持烘干或灼烧过的物质的干燥；也可干燥少量制备的产品	底部放变色硅胶或其他干燥剂，盖子的磨口处涂适量凡士林；不可将红热的物体放入，放入热的物体后要时时开盖以免盖子跳起或冷却后打不开盖子

续表

名称	主要用途	使用注意事项
垂熔玻璃漏斗	过滤	必须抽滤；不能骤冷骤热；不能过滤氢氟酸、碱等；用毕立即洗净
垂熔玻璃坩埚	质量分析中烘干需称量的沉淀	不能骤冷骤热；不能过滤氢氟酸、碱等；用毕立即洗净
标准磨口组合仪器	有机化学及有机半微量分析中的制备及分离	磨口处勿需涂润滑剂；安装时不可受歪斜压力；要按所需装置配齐购置

二、实验装置的装配方法

仪器装配的正确与否，关系到实验的成败。对于不同的实验，其实验装置的装配是不同的，将在有关章节中详述。在这里只是介绍装配仪器时应当遵循的一般要求。

在装配仪器装置时，选用的玻璃仪器和配件都要洗净、烘干，否则会影响产品的质量或产量；选用的仪器要恰当，如在选用圆底烧瓶时，反应物总量应占反应瓶容量的 1/3～2/3；在装配仪器时，应首先选定主要仪器的位置，然后按照一定顺序逐个地装配其他仪器。如在装配蒸馏装置和回流装置时，应首先根据热源的高低来确定圆底烧瓶的位置，然后用铁夹夹住，松紧适当；铁夹决不能与玻璃直接接触，应将夹子套上橡皮管或贴上石棉垫，烧瓶要夹住瓶口，冷凝管应夹住其中央部分；在装配常压反应的仪器时，仪器装置必须与大气相通，决不能密闭，否则，加热后产生的气体或有机物的蒸气在仪器内膨胀，会使压力增大，易引起爆炸，一定不要在回流冷凝管上加塞子；有些反应需进行无水操作，为避免空气中湿气的作用，可在仪器和大气相通处安装一个氯化钙干燥管；在实验操作前应仔细检查仪器装配得是否严密，以保证反应物不受损失，避免挥发性易燃液体的蒸气逸出，造成着火、爆炸或中毒等事故；安装仪器时，一般是从下到上，从左到右。拆卸仪器时按相反的顺序，逐个地拆除。反应结束后，应及时拆除仪器，并洗净凉干，防止仪器黏连损坏。

1. 气体吸收装置

气体吸收装置用于吸收反应过程中生成的有刺激性和水溶性的气体（如 HCl、SO_2 等）。在烧杯或吸滤瓶中装入一些气体吸收液（如酸液或碱液）以吸收反应过程中产生的碱性或酸性气体。防止气体吸收液倒吸的办法是保持玻璃漏斗或玻璃管悬在近离吸收液的液面上，使反应体系与大气相通，消除负压。

2. 回流（滴加）装置

很多有机化学反应需要在反应体系的溶剂或液体反应物的沸点附近进行，这时就要用回流装置。图1-1（a）是普通加热回流装置，图1-1（b）是防潮加热回流装置，图1-1（c）是带有吸收反应中生成气体的回流装置，图1-1（d）为回流时可以同时滴加液体的装置；图1-1（e）为回流时可以同时滴加液体并测量反应温度的装置。

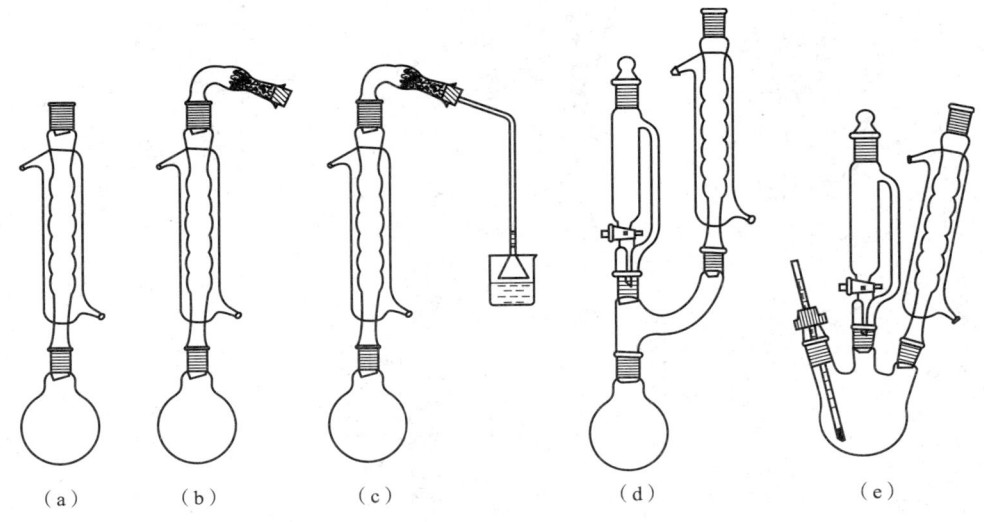

图1-1　回流装置

在回流装置中，一般多采用球形冷凝管。因为蒸气与冷凝管接触面积较大，冷凝效果较好，尤其适合于低沸点溶剂的回流操作。如果回流温度较高，也可采用直形冷凝管。当回流温度高于150℃时就要选用空气冷凝管。

回流加热前，应先放入沸石。根据瓶内液体的沸腾温度，可选用电热套、水浴、油浴或石棉网直接加热等方式。在条件允许的情况下，一般不采用隔石棉网直接用明火加热的方式。回流的速度应控制在液体蒸气浸润不超过两个球为宜。

3. 搅拌回流装置

当反应在均相溶液中进行时一般可以不用搅拌，因为加热时溶液存在一定程度的对流，从而可保持液体各部分均匀地受热。如果是非均相间反应或反应物之一是逐渐滴加时，为了尽可能使其迅速均匀地混合，以避免因局部过浓过热而导致其他副反应发生或有机物的分解，有时反应产物是固体，如不搅拌将影响反应顺利进行，在这些情况下均需进行搅拌操作。在许多合成实验中若使用搅拌装置，不但可以较好地控制反应温度，同时也能缩短反应时间和提高产率。

图1-2（a）是可同时进行搅拌、回流和测量反应温度的装置；图1-2（b）是同时进行搅拌、回流和自滴液漏斗加入液体的装置；图1-2（c）是还可同时测量反应温度的搅拌回流滴加装置；图1-2（d）是磁力搅拌回流装置。

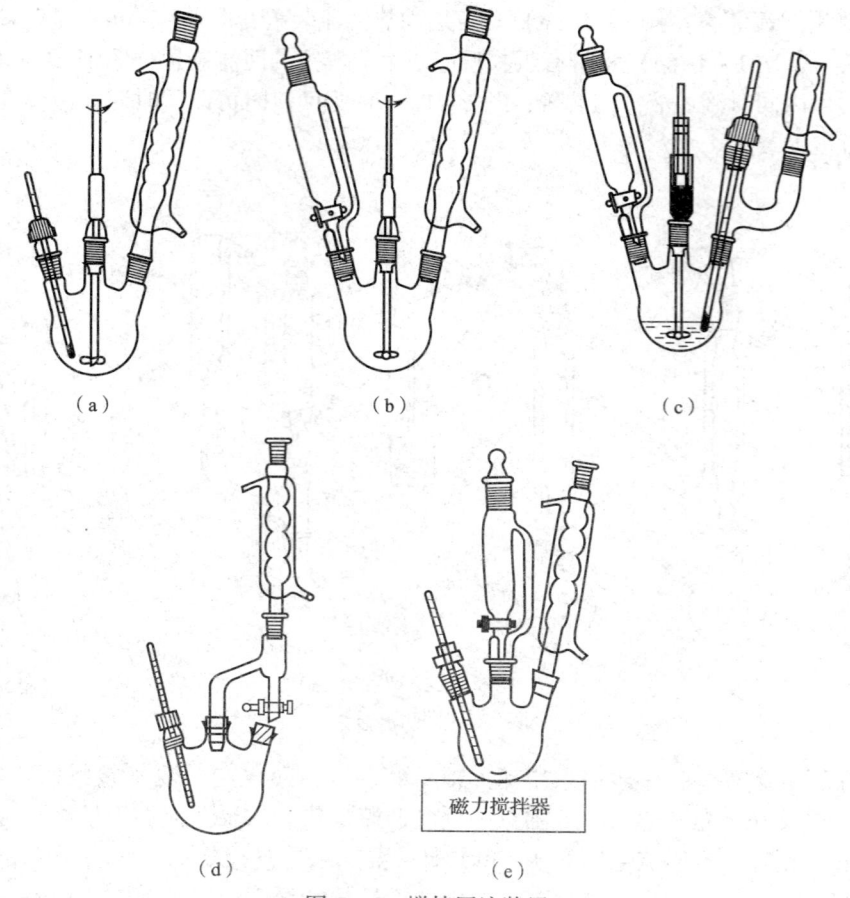

图1-2 搅拌回流装置

4. 回流分水装置

进行一些可逆平衡反应时，为了使正向反应进行得彻底，可将产物之一的水不断地从反应混合体系中除去，此时，可以用回流分水装置。如图1-2（e），回流下来的蒸气冷凝液进入分水器，分层后，有机层自动流回到反应烧瓶，生成的水从分水器中放出去。

5. 蒸馏、分馏装置

蒸馏是分离两种以上沸点相差较大的液体和除去有机溶剂的常用方法。图1-3（a）是最常用的蒸馏装置。若蒸馏易挥发的低沸点液体时，需将接液管的支管连上橡皮管，通向水槽或室外；支管口接上干燥管，可用作防潮的蒸馏。图1-3（b）是应用空气冷凝管的蒸馏装置，用于蒸馏沸点在140℃以上的液体。图1-3（c）为蒸除较大量溶剂的装置，液体可自滴液漏斗中不断地加入，既可调节滴入和蒸出的速度，又可避免使用较大的蒸馏瓶。

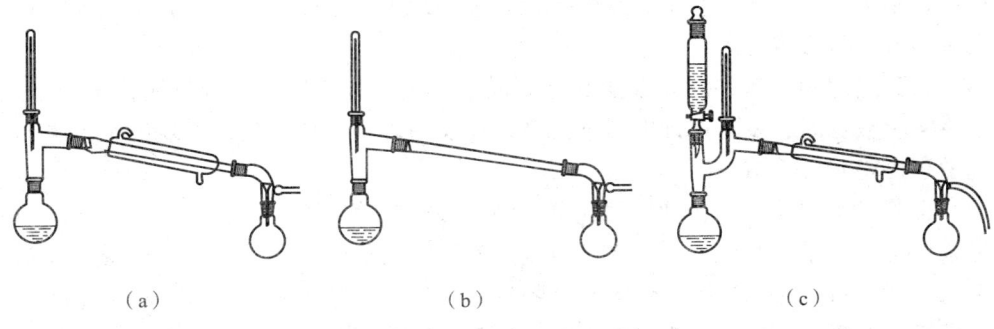

图1-3 蒸馏、分馏装置

6. 滴加蒸馏（分馏）反应装置

某些有机反应需要一边滴加反应物一边将产物之一蒸出反应体系，以防止产物再次发生反应，并破坏可逆反应平衡，使反应进行彻底，此时可采用滴加蒸出反应装置。利用这种装置，反应产物可单独或形成共沸混合物不断地从反应体系中蒸馏出去，并可通过恒压滴液漏斗将一种试剂逐渐滴加入反应瓶中，以控制反应速度或使这种试剂消耗完全。

仪器装配原则如下。

（1）整套仪器应尽可能使每一件仪器都用铁夹固定在同一个铁架台上，以防止各种仪器因振动频率不协调而破损。

（2）铁夹的双钳应包有橡皮、绒布等衬垫，以免铁夹直接接触玻璃而将仪器夹坏。夹物要不松不紧，既保证磨口连接处严密不漏，又尽量保证各处不产生应力。

（3）铁架应正对实验台的外面，不要倾斜，否则重心不一致，容易造成装置不稳而倾倒。

（4）安装仪器时，应首先确定烧瓶的位置，其高度以热源的高度为基准，先下后上，从左到右，先主件后次件，逐个将仪器固定组装。所有的铁架、铁夹、烧瓶夹都要在玻璃仪器的后面，整套装置不论从正面、侧面看，各仪器的中心线都在同一直线上。

（5）仪器装置的拆卸方式则和组装的方向相反。拆卸前，应先停止加热，移走热源，待稍冷却后，取下产物，然后再按先右后左、先上后下的顺序逐个拆掉。注意在松开一个铁夹时，必须用手托住所夹的仪器，拆冷凝管时不要将水洒在电热套上。

第五节　实验数据记录与处理

一、实验数据的记录

学生要有专门的实验报告本，标上页数，不得撕去任何一页。绝不允许将数据记在单页纸上、小纸片上、或随意记在其他地方。实验数据应按要求记在实验记录本或实验报告本上。

实验过程中的各种测量数据及有关现象，应及时、准确而清楚地记录下来。记录实验数据时，要有严谨的科学态度，要实事求是，切忌夹杂主观因素，决不能随意拼凑和伪造数据。

实验过程中涉及的各种特殊仪器的型号和标准溶液浓度等，也应及时准确地记录下来。记录实验数据时，应注意其有效数字的位数。用分析天平称量时，要求记录至 0.0001g；滴定管及移液管的读数，应记录至 0.01mL；用分光光度计测量溶液的吸光度时，如吸光度在 0.6 以下，应记录至 0.001 的读数，大于 0.6 时，则要求记录至 0.01 的读数。

实验中的每一个数据都是测量结果，所以，重复测量时，即使数据完全相同，也应记录下来。在实验过程中，如果发现数据算错、测错或读错而需要改动时，可将数据用一横线划去，并在其上方写上正确的数字。

二、实验数据的处理

1. 列表

做完实验后，应该将获得的大量数据尽可能整齐有规律地用列表方式表达出来，以便处理运算。

列表时应注意以下几点：每一个表都应有简明完备的名称；在表的每一行或每一列的第一栏，要详细地写出名称、单位等；在每一行中数字排列要整齐，位数和小数点要对齐，有效数字的位数要合理；原始数据可与处理的结果写在一张表上，在表下注明处理方法和选用的公式。

2. 数据的取舍

为了衡量分析结果的精密度，一般对单次测定的一组结果 X_1，X_2，$\cdots$，X_n，计算出算术平均值后，再计算单次测定偏差（$d_i = X_i - \bar{X}$）、平均偏差 $\left(\bar{d} = \dfrac{\sum_{i=1}^{n} |d_i|}{n}\right)$、相对平均偏差 $\left(d = \dfrac{\bar{d}}{\bar{X}}\right)$、单次测定结果的相对偏差 $\left(\dfrac{X_i - \bar{X}}{\bar{X}}\right)$。

如果测定次数较多，可用标准偏差 $s = \sqrt{\dfrac{\sum (X_i - \bar{X})^2}{n-1}}$ 和相对标准偏差 $\left(\dfrac{s}{\bar{X}} \times 100\%\right)$ 等表示结果的精密度。若某一数值偏差较大时，可以舍弃。

三、实验报告

实验完毕后，要及时而认真地写出实验报告，并在离开实验室前或指定时间内交给老师。实验报告一般包括以下内容。

（1）实验名称和日期。

（2）实验目的。

（3）方法原理　简要地用文字和化学反应式说明，如标定和滴定反应的方程式或基准物和指示剂的选择、试剂浓度和分析结果的计算公式等。

（4）实验步骤　简明扼要地写出。

（5）数据记录。

（6）实验数据处理　应用文字、表格、图形等将数据表示出来，根据实验要求计算出分析结果、实验误差大小。

（7）问题讨论　对实验教材上的思考题和实验中观察到的现象，以及产生误差的原因应进行讨论和分析，以提高自己分析问题和解决问题的能力。

上述各项内容的繁简取舍，应根据各个实验的具体情况而定，以清楚、简练、整齐为原则。实验报告中的有些内容，如原理、表格、计算公式等，要求在实验预习时准备好，其他内容则可在实验过程中以及实验完成后填写、计算和撰写。

第二章　无机及分析化学基础实验

实验一　器皿的洗涤与干燥

分析化学实验中要求使用洁净的器皿，因此，在使用前必须将器皿充分洗净，并且要使用合理的方法进行干燥。

一、器皿的洗涤

常用的洗涤方法有以下几种。

（1）刷洗　用水和毛刷洗涤除去器皿上的污渍和其他不溶性的与可溶性的杂质。

（2）用肥皂、合成洗涤剂洗涤　洗涤时先将器皿用水湿润，用毛刷沾少量洗涤剂将仪器内外洗刷一遍，然后用水边冲边刷洗，直至洗净为止。

（3）用铬酸洗液（简称洗液）洗涤　洗液的配制：将 8g 重铬酸钾用少量水润湿，慢慢加入 180mL 浓硫酸，搅拌以加速溶解。冷却后贮存于磨口试剂瓶中。将被洗涤器皿尽量保持干燥，倒少许洗液于器皿中，转动器皿使其内壁被洗液浸润（必要时可用洗液浸泡），然后将洗液倒回原瓶内以备再用（若洗液的颜色变绿，则另做处理）。再用水冲洗器皿内残留的洗液，直至洗净为止。如用热的洗涤液洗涤，则去污效果更好。

洗液主要用于洗涤被无机物污染的器皿，它对有机物和油污的去污能力也较强，常用来洗涤一些口小、管细等形状的器皿，如吸管、容量瓶等。

洗液具有强酸性、强氧化性，对衣服、皮肤、桌面、橡皮等有腐蚀作用，使用时要特别小心；另外六价铬对人体有害，又污染环境，应尽量少用；若还原成绿色的铬酸洗液，可以加入固体 $KMnO_4$ 使其再生，这样，实际消耗的是 $KMnO_4$，可以减少铬对环境的污染。

（4）盐酸-乙醇洗液　将化学纯的盐酸和乙醇，按照 1:2 的体积比混合。此洗液主要用于洗涤被染色的吸收池、比色管、吸量管等。

不论用上述哪种方法洗涤器皿，最后都必须用自来水冲洗，再用蒸馏水或去离子水荡洗三次。洗净的器皿，放去水后内壁应留下均匀的一薄层水，如壁上挂着水珠，说明没有洗净，必须重洗。

二、器皿的干燥

1. 在不加热的情况下干燥器皿

将洗净的器皿倒置于干净的实验柜内或容器架上自然晾干；或用吹气机将器皿吹干；还可以在器皿内加入少量酒精，再将其倾斜转动，壁上的水即与酒精混合，然后倾出酒精和水，留在器皿内的酒精快速挥发，而使器皿干燥。

2. 用加热的方法干燥器皿

洗净的玻璃器皿可以放入恒温箱内烘干，应平放或器皿口向下放；烧杯或蒸发皿可在石棉网上用火烤干。有刻度的量器不能用加热的方法干燥，加热会影响这些容器的精密度，还可能造成破裂。

实验二　加热与固体物质的干燥技术

一、加　　热

在化学实验中，许多物质的溶解、混合物的分离以及化学反应的发生，都需要在加热的情况下进行。因此，选择适当的加热器具和加热方法，正确进行加热操作往往是决定实验成败的关键因素之一。

1. 加热器具及其用法

实验室常用的加热器具有酒精灯、酒精喷灯、电炉和电加热套等。

(1) 酒精灯　酒精灯由灯壶、灯帽、灯芯管和灯芯组成。酒精灯加热温度不高，为 400~500℃。其灯焰可分为外焰、内焰和焰心，其中外焰的温度较高，内焰的温度较低，焰心的温度最低。

使用酒精灯的注意事项如下。

① 灯壶内的酒精要适量，一般不少于灯壶体积的 1/4，也不能超过体积的 2/3。

② 使用酒精灯时应注意安全，防止火灾。

③ 点燃酒精灯时，左用扶灯壶，右手提起灯帽放在灯的右边，划火柴点燃酒精灯芯。

④ 不允许用酒精灯去火焰上引燃，以免酒精溢出造成火灾。

⑤ 酒精灯的火焰分焰心、内焰和外焰三部分，外焰温度最高。用酒精灯加热物体时，要使用它的外焰。

⑥ 熄灭酒精灯时，要用灯帽去盖，然后再提一下灯帽，再盖上，以防止下次不易打开灯帽。

(2) 酒精喷灯　常用的酒精喷灯有座式和挂式两种。座式喷灯的酒精贮存在灯座内，挂式喷灯的酒精贮存罐悬挂于高处。酒精喷灯的火焰温度可达

1000℃左右。使用前，先在预热盆中注入酒精，点燃后铜质灯管受热；待盆中酒精将近燃完时，开启灯管上的开关（逆时针转），来自贮罐的酒精在灯管内受热气化，跟来自气孔的空气混合；这时用火点燃管口气体，就产生高温火焰，调节开关阀来控制火焰的大小。用毕，旋紧挂式酒精喷灯座开关，同时关闭酒精贮罐下的活栓，就能使灯焰熄灭。

（3）电炉 电炉是实验室经常使用的加热器具之一，它由电阻丝、耐火泥盘和金属盘坐组成。按功率不同分为 500、800、1000、2000W 等不同规格。常与调压变压器配套使用，通过调节供电电压，可控制电炉的温度。

使用电炉时，受热的金属容器不能接触电阻丝，以免造成短路发生触电事故的发生。在受热玻璃容器与电炉之间最好加置石棉网，这样既可以使容器受热均匀，又能避免炉丝受到化学品腐蚀。电炉的耐火炉盘不耐碱性物质，试验时应注意勿把碱性物质洒落在炉盘上。应经常清除炉盘内烧焦的物质，以保证炉丝传热良好，延长电炉的使用寿命。

（4）电加热套 这是目前实验室应用较为广泛的一款以空气浴形式加热的加热设备。它实质上是一种改装的封闭式电炉，其电阻丝抱在玻璃纤维内，以非明火加热，使用较为方便、安全。

常用调压器调节温度，加热温度可达 400℃ 以上。电加热套适用于对圆底容器进行加热，按体积不同，可分为 100、250、500mL 等不同规格。使用时，将受热容器悬置在电热宝中央，不得接触内壁，形成一个均匀的空气浴加热环境。电热宝应保持清洁，不得洒入或溅入化学药品。

2．加热方式

（1）直接加热 对于热稳定性较好的物质，可在试管、烧杯、烧瓶或坩埚、蒸发皿等耐热容器中直接加热。加热前必须将器皿外壁的水擦干，加热后不能立即与水或潮湿物质接触，不能骤冷骤热。

① 加热试管中的液体时：液体量不得超过试管体积的1/3。用试管夹夹持住试管的中上部，管口稍微倾斜向上，先在火焰上方往复移动试管，使其均匀受热，再放入火焰中加热。

② 加热试管中的固体时：固体试剂应放入试管底部并铺匀，块状或粒状固体一般应先研细后再放入试管中。加热时，用铁夹夹持住试管中上部，将试管口稍微倾斜向下，先用灯焰对整个试管预热，然后从盛有固体试剂的前部缓慢向后移动加热。

加热试管中的固体时，应避免出现将药品集中堆放在试管底部，致使加热时外层药物形成硬壳而阻止内部继续反应，或内部产生的气体将固体药品冲出试管外，以及将试管口朝上加热，致使产生的液体流向灼热的管底发生炸裂等错误操作。

③ 加热烧杯（或烧瓶）中的液体：直接加热烧杯中的液体时，应在热源上

放置石棉网，以防容器因受热不均匀而发生炸裂。烧杯中所盛放的液体不得超过其体积的 1/2，烧瓶中所盛放的液体不得超过其体积的 1/3。

④ 加热坩埚中的固体：实验中灼烧或熔融某些固体物质需要在坩埚中进行。坩埚通常用泥三角支撑。加热时，先用小火预热，再加大火力使坩埚烧至红热。停止加热或移动坩埚时，需用预热的坩埚钳夹持坩埚，热的坩埚和坩埚钳应放置在石棉网上。

（2）间接加热　有些物质的热稳定性较差，过热时会发生氧化、分解或大量挥发逸散。这类物质不宜直接加热，可采用间接加热法。

间接加热法是通过传热介质以热浴的方式进行加热，具有受热面积大、受热均匀、浴温可控和非明火加热等优点。常用的热浴有水浴、油浴、沙浴和空气浴等。

加热温度在 90℃ 以下的可以用水浴。水浴加热方便、安全，但不适用于需要严格无水操作的实验。

加热温度在 90～250℃ 的用油浴。常用的油类有甘油、硅油、食用油和液体石蜡等。油类易燃，加热时应注意观察，发现有油冒烟时，应立即停止加热。

加热温度在 250～350℃ 的用沙浴。沙浴使用安全，但升温速度较慢，温度分布不够均匀。

二、固体物质的干燥

固体物质的干燥是指除去残留在固体中的微量水分或有机溶剂。可根据实验需要和物质的性质不同，选择适当的干燥方法。

1. 自然晾干

对于在空气中稳定、不分解、不吸潮的固体物质，可将其放在洁净干燥的表面皿上，摊成薄层，盖一张滤纸以防污染，在空气中自然晾干。

2. 烘干

对于熔点较高且遇热不分解的固体物质，可放在表面皿或蒸发皿中，用烘箱烘干。固体有机物烘干时应注意加热温度必须低于其熔点。

3. 用干燥器干燥

对于易吸潮、易分解或易生华的固体物质，可放在干燥器内进行干燥，但一般需要较长时间。

干燥器是具有磨口盖子的密闭厚壁玻璃器皿，常用于保存坩埚、称量瓶、试样等物。它的磨口边缘涂一薄层凡士林，使之能与盖子密合。干燥器底部盛放干燥剂，最常用的干燥剂是变色硅胶和无水氯化钙，其上搁置洁净的带孔瓷板，坩埚等即可放在瓷板孔内。

干燥剂吸收水分的能力都是有一定限度的。如硅胶，20℃ 时，被其干燥过的 1L 空气中残留水分为 6×10^{-3} mg；无水氯化钙，25℃ 时，被其干燥过的 1L 空气中残留水分小于 0.36mg。因此，干燥器中的空气并不是绝对干燥的，只是湿度较低而已。

使用干燥器时应注意下列事项。

（1）干燥剂不可放得太多，以免玷污坩埚底部。

（2）搬移干燥器时，要用双手拿着，用大拇指紧紧按住盖子。

（3）打开干燥器时，不能往上掀盖，应用左手按住干燥器，右手小心地把盖子放在桌子上。

（4）不可将太热的物体放入干燥器中。

（5）有时较热的物体放入干燥器中后，空气受热膨胀会把盖子顶起来，为了防止盖子被打翻，应当用手按住，不时把盖子稍微推开（不到1s），以放出热空气。

（6）灼烧或烘干后的坩埚和沉淀，在干燥器内不宜放置过久，否则会因吸收一些水分而使质量略有增加。

（7）变色硅胶干燥时为蓝色（含无水 Co^{2+} 色），受潮后变粉红色（水合 Co^{2+} 色）。可以在 120℃ 烘受潮的硅胶待其变蓝后反复使用，直至破碎不能用为止。

实验三　沉淀与过滤技术

沉淀法分离是最古老、经典的化学分离方法。沉淀是指利用化学反应生成难溶性物质的过程。沉淀有时是所需要的产品，有时是欲除去的杂质。在化学分析中，可利用沉淀反应，使待测组分生成难溶化合物沉淀析出，来进行定量测定。在物质的制备中，可通过选用适当的沉淀剂，将可溶性杂质转变成难溶性物质再加以除去的方法来精制粗产物。

无论出于何种目的产生的沉淀，都需与母液分离开来，并加以洗涤。

一、沉　淀　技　术

1. 沉淀操作

根据沉淀过程的目的和生成物的性质不同，可采用不同的沉淀条件和操作方式。例如，有些沉淀反应要求在热溶液中进行，为使沉淀完全，多数沉淀反应需要加入过量的沉淀剂等。

沉淀操作通常在烧杯中进行，为了得到颗粒较大、便于分离的沉淀，应在不断搅拌下慢慢滴加沉淀剂。操作时，一手持玻璃棒充分搅拌，另一手用滴管滴加沉淀剂，滴管口要接近溶液的液面滴下，以免溶液溅出。

检查是否沉淀完全时，需将溶液静置，待沉淀下沉后，沿杯壁向上层清液中滴加一滴沉淀剂，观察滴落处是否出现浑浊。如不出现浑浊即表示沉淀完全，否则应补加沉淀剂至检查沉淀完全为止。

2. 沉淀的分离

沉淀的分离可根据沉淀的性质以及实验的需要采用倾斜法、离心法或过滤法。

（1）倾斜法　如果沉淀的颗粒或密度较大，静置后能沉淀至容器底部，便可利用倾斜法将沉淀与母液快速分离。

操作时，先使混合物静置，不要搅动，待沉淀沉降完全后，将上层清液小心地沿玻璃棒倾出，使沉淀仍留在容器中。

（2）离心法　当沉淀量很少时，可使用离心机进行分离。使用时，把盛有混合物的离心管放入离心机的套管内，然后慢慢启动离心机并逐渐加速。由于离心作用，沉淀紧密地聚集于离心管的底部，上层则是清澈的溶液。可用滴管小心吸出上层清液，也可用倾斜法将其倾出。

离心机的使用注意事项如下。

① 为防止旋转过程中碰破离心管，离心机的套管底部应铺垫适量棉花或海绵。

② 离心管应对称放置，若只有一支盛有欲分离物的试管时，可在与其对称的位置上放一只盛有等体积水的离心试管，以使离心机保持平衡。

③ 离心机启动时要先慢后快，不可直接调至高速。用完后，先关闭电源开关，使其自然停止转动，绝不能强制停止，以防造成事故。

（3）过滤法　过滤法是采用过滤装置将沉淀与母液分开。

3. 沉淀的洗涤

洗涤沉淀时，先用洗瓶挤（吹）出少量洗涤液注入盛有沉淀的烧杯或试管中，再用玻璃棒充分搅拌，然后静置（或离心），待沉淀沉降后，将上层清液倾出（或用滴管吸出）。如此操作重复两到三次，一般即可将沉淀洗涤干净。

洗涤沉淀所用的溶剂不可太多，否则将增大沉淀的溶解损失。要本着少量多次的原则进行洗涤，即总体积相同的洗涤液，应尽可能分多次洗涤，每次用量要少，以便提高洗涤效率。

二、过 滤 技 术

普通过滤通常用60°的圆锥形玻璃漏斗。具体操作步骤如下。

（1）滤纸的折叠与安放　选择与漏斗大小相适宜的圆形滤纸，对折两次后展开成60°的圆锥体。锥体的一个半边为三层，另一个半边为一层。为使滤纸和漏斗内壁贴紧，常将三层厚的外两层撕下一小块。滤纸放入漏斗后，用手按住三层的一边，从洗瓶中注入少量水把滤纸润湿，然后轻压滤纸赶去气泡，使滤纸与漏斗壁刚好贴合。应注意放入的滤纸要比漏斗边缘低0.5~1cm。

（2）滤器的处理　过滤前，先向漏斗中加水至滤纸边缘，使漏斗颈内全部充满水而形成水柱。若颈内不形成水柱，可用手指堵住漏斗下口，同时稍稍掀起滤纸的一边，用洗瓶向滤纸和漏斗之间的空隙加水，使漏斗颈和椎体的大部分被水充满，然后压紧滤纸边，松开堵住下口的手指，一般即能形成水柱。具有水柱的漏斗，由于水柱的重力拽引漏斗内的液体，从而可加快过滤速度。

（3）沉淀（或结晶）的过滤　将准备好的漏斗置于漏斗架上，漏斗下方放一洁净的烧杯，用以接收滤液。漏斗颈口长的一边应紧靠烧杯壁，以便使滤液沿杯壁下流，不致溅出。

过滤时，左手持玻璃棒，垂直接近滤纸三层的一边，右手拿烧杯，将杯嘴贴着玻璃棒并慢慢倾斜，使烧杯中的上层清液沿玻璃棒流入漏斗中。随着溶液的倾入，应将玻璃棒逐渐提高，避免其触及液面。待漏斗中的液面达到距滤纸边缘5mm处，应暂时停止倾注，以免少量沉淀因毛细作用越过滤纸上缘造成损失。停止倾倒溶液时，将烧杯嘴沿玻璃棒向上提，并逐渐扶正烧杯，以避免烧杯嘴上的液滴流到烧杯外壁，再将玻璃棒放回烧杯中，但不得放在烧杯嘴处。

用洗瓶沿烧杯壁旋转着吹入一定量的洗涤液，再用玻璃棒将沉淀搅起充分洗涤后静置，待沉淀沉降后，按前面的方法过滤上层清液，如此重复4～5次。

最后，向烧杯中加入少量洗涤液并将沉淀搅起，立即将此混合液转移至滤纸上。残留在烧杯中的少量沉淀可按此法转移：左手持烧杯，用食指按住横架在烧杯口上的玻璃棒，玻璃棒下端应比烧杯嘴长2～3cm，并靠近滤纸三层一边，右手拿洗瓶吹洗烧杯内壁，直至洗净烧杯。沉淀全部转移到滤纸上后，再用洗瓶从滤纸边缘开始向下螺旋形移动吹入洗涤液，将沉淀吹洗到滤纸底部，反复几次，将沉淀洗涤干净。

普通过滤最为简便，也是最常用的固－液分离方法，尤其沉淀为微细的结晶时，用此法过滤较好。

实验四　萃取与洗涤技术

萃取和洗涤是利用物质在不同溶剂中溶解度的不同进行的分离操作。萃取和洗涤在原理上是一样的，只是目的不同。从混合物中抽取的物质，如果是所需要的，这种操作称为萃取或提取；如果是不需要的，这种操作称为洗涤。

一、从液体混合物中萃取

通常用分液漏斗来进行萃取或提取。必须检查分液漏斗的盖子或旋塞是否严密，以防止分液漏斗在使用过程中发生泄漏而造成损失（检查的方法通常是先用水试验）。

在萃取或洗涤时，先将液体与萃取用的溶剂（或洗液）由分液漏斗的上口倒入，盖好盖子，振荡漏斗，使两液层充分接触。振荡的操作方法一般是先把分液漏斗倾斜，使漏斗的上口略朝下，右手捏住漏斗上口颈部，并用食指根部压紧盖子，以免盖子松开，左手握住旋塞，握持旋塞的标准是既要能防止振荡时旋塞转动或脱落，又要便于灵活地旋开旋塞。振荡后，令漏斗仍保持倾斜状态，旋开旋塞，放出蒸汽或产生的气体，使内外压力平衡。若在漏斗内盛有易挥发的溶剂，如乙醚、苯等，将分液漏斗放在铁环上（最好把铁环用石棉绳缠扎起来），静置，使乳浊液分层。有时有机溶剂和某些物质的溶液一起振荡，会形成较稳定的乳浊液，则可加入食盐等电解质，使溶液饱和，以降低乳浊液的稳定性；轻轻地旋转漏斗，也可使其加速分层。在一般情况下，长时间静置分液漏斗，可达到使乳浊液分层的目的。

分液漏斗中的液体分成清晰的两层之后，就可以进行分离。分离液层时，下层液体应经旋塞放出，上层液体应从上口倒出。如果上层液体也经旋塞放出，则漏斗旋塞下面颈部所附着的液体就会把上层液体弄脏。

先把顶上的盖子打开（或旋转盖子，使盖子上的凹缝或小孔对准漏斗上口颈部的小孔，以使与大气相通），把分液漏斗的下端靠在接收器的壁上。旋开旋塞，让液体流下，当液面间的界限接近旋塞时，关闭旋塞，静置片刻，这时下层液体往往会增多一些。再把下层液体小心地放出，然后把剩下的上层液体从上口倒入另一个容器里。

在萃取或洗涤时，上下两层液体都应该保留到试验完毕时。否则，如果中间的操作发生错误，便无法补救或检查。

在萃取过程中，将一定量的溶剂分做多次萃取，其效果要比一次萃取好。

二、从固体混合物中萃取

固体物质的萃取可以采用浸取法，即将固体物质浸泡在选好的溶剂中，其中的易溶成分被慢慢浸出来。这种方法可在常温或低温条件下进行，适用于受热容易发生分解或变质的物质的分离（如一些中草药有效成分的提取，即采用浸取法）。但这种方法消耗溶剂量大，时间较长，效率较低，而且只有在所选用的溶剂对浸出组分有很大的溶解度时才比较有效，否则要用大量溶剂。

在实验室中常采用脂肪提取器萃取固体物质。

脂肪提取器又称索氏提取器，它是利用溶剂回流和虹吸原理，使固体物质不断地被新的纯溶剂浸泡，实现连续多次的萃取，因而效率较高。

实验五　蒸馏与分馏技术

一、普通蒸馏

把一种液体化合物加热，其蒸气压升高，当与外界大气压相等时，液体沸腾并转变为蒸气，再通过冷凝使蒸气变为液体的过程称作蒸馏。

蒸馏可以将易挥发组分与非挥发组分分离开来，也可以将沸点不同的液体混合物分开。

当把一种非挥发性杂质加到一种纯液体中，非挥发性杂质会降低液体的蒸气压（乌拉尔定律）。如图 2-1 所示，曲线 1 是纯液体的蒸气压与温度的关系，曲线 2 是含有非挥发性杂质的同一液体的蒸气压与温度的关系。由于杂质的存在，使任一温度的蒸气压都以相同数值下降，导致液体化合物的沸点升高。但在蒸馏时，蒸气的温度与纯液体的沸点一致，温度计所指示的是化合物的蒸气与其冷凝液平衡时的温度，而不是沸腾液体的温度。经过蒸馏可以得到纯粹的液体化合物，从而将非挥发性杂质分离（图 2-2）。

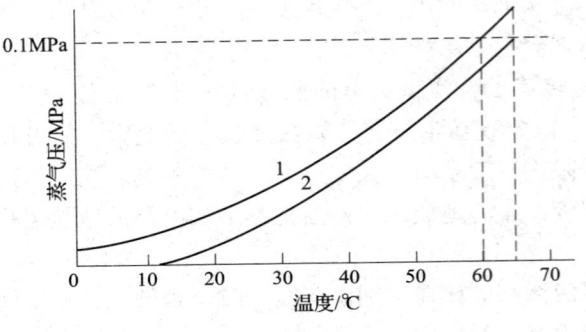
图 2-1　液体蒸气压与温度的关系

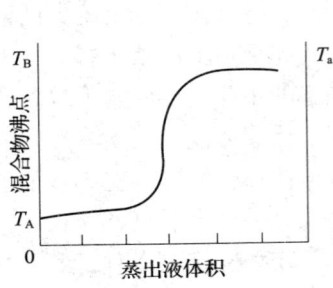
图 2-2　混合物沸点与蒸出液体积的关系

普通蒸馏（简单蒸馏）常用于除去挥发性溶剂，或从离子型化合物或其他非挥发性物质中分离挥发性液体，或分离沸点相差较大的液体混合物。

1. 常用的蒸馏装置

由圆底烧瓶、蒸馏头、温度计、冷凝管、接液管和接收瓶组成。

（1）蒸馏瓶的选择　根据蒸馏物的量选择大小合适的蒸馏瓶（蒸馏物液体的体积，一般不要超过蒸馏瓶体积的 2/3，也不要少于 1/3。如果装入的液体量过多，在沸腾时溶液雾滴有被蒸气带至接收系统的可能，同时，沸腾强烈时，液体可能冲出，混入馏出液中。如果装入的液体量太少，在蒸馏结束时，相对地会有较多的液体残留在瓶内蒸不出来）。

（2）温度计的选择　一般选量程比蒸馏液体的沸点高出 10~20℃ 的温度计（当蒸馏一个含有不同沸点的混合液时，温度计的选择应以沸点高的液体为准），但不宜高出太多。因一般温度计测温范围越大，则精确度越差。磨口温度计可以直接插入蒸馏头，普通温度计可以用螺旋接头固定在蒸馏头上口。温度计水银球的上限应和蒸馏头侧管的下限在同一水平线上。

（3）冷凝管的选择　一般选用水冷凝管或空气冷凝管。水冷凝管用于被蒸液体沸点低于 140℃ 的蒸馏操作；空气冷凝管用于被蒸液体沸点高于 140℃ 的蒸馏操作。水冷凝管中的水从下口进入，从上口流出，保证冷凝管中始终充满水。

（4）接收瓶的选择　可用容量合适的三角烧瓶，取其口小、蒸发面小、易于加塞，同时易于放置于桌上等特点。如遇易于挥发、易于着火或蒸气有剧毒的物质，则应在冷凝管的出口处接一个三角吸滤瓶或蒸馏烧瓶作接收器，而在接收瓶的支管上接一橡皮管，通到水槽的出水管中，在蒸馏过程中水槽不断放水。如果蒸馏有毒的物质则全过程应在通风橱内进行。每次蒸馏前至少要准备两个已经称重的干燥锥形瓶（或圆底烧瓶）来接收不同的馏分。

（5）蒸馏装置的安装顺序　一般是从热源处开始，自下而上，从左向右。热源（电炉、水浴、油浴或其他热源）→蒸馏瓶（固定方法、离热源的距离，其轴心保持垂直）→蒸馏头（其对称面与铁架平行）→冷凝管（若为直形冷凝管则应保证上端出水口向上，与橡皮管相连至水池；下端进水口向下，通过橡皮管与水龙头相连，才能保证套管内充满水）→接液管或称尾接管（根据需要安装不同用途的尾接管，例如，减压蒸馏需安装真空尾接管）→接收瓶（一般不用烧杯作接收器，常压蒸馏用锥形瓶，减压蒸馏用圆底烧瓶；正式接收馏出液的接收瓶应事先称重并做记录）→借助温度计导管将温度计固定在蒸馏头的上口处（使温度计水银球的上限与蒸馏头侧管的下限同处一水平线上）。

蒸馏完毕拆卸仪器的程序和安装仪器的程序相反。

酒精灯或煤气灯加热时，根据火焰的高低安装铁圈、石棉网。用万能夹固定蒸馏烧瓶，瓶底距离石棉网1~2mm，不要触及石棉网。用水浴锅加热时，瓶底应距离浴底1cm左右。安装冷凝管时，应先将其夹在铁架台的铁夹上，调整其位置，使之与蒸馏头侧支管同轴。万能夹应夹在冷凝管中心处（约中部）。冷凝水"下进上出"，以保证冷凝套中充满水。在安装过程中，各个接口之间应尽量塞紧密，以防漏气。万能夹不要夹得太紧、太松，以不脱落为度。

蒸馏装置安装完毕应符合从正面看，温度计、蒸馏烧瓶、热源的中心轴线在同一条直线上，可简称为"上下一条线"；从侧面看，接收瓶、冷凝管、蒸馏烧瓶的中心轴线在同一平面上，即"左右共平面"。装置要稳固，磨口接头要连接严密，这样的蒸馏装置将具有实用、整齐、美观、牢固的优点。

2. 蒸馏操作

（1）加料　将待蒸液体通过玻璃漏斗小心地倒入蒸馏瓶中，不要使液体从支管流出。加入几粒沸石，如果是含有干燥剂的液体，则应用扇形滤纸过滤，然后加入助沸物，塞好温度计，注意温度计的位置并检查仪器接口是否严密。助沸物是一些多孔性物质，如素瓷片、沸石，或一端封闭的具有足够长度的毛细管（毛细管开口向下放入圆底烧瓶中，上端位于烧瓶颈部）。当液体加热至沸时，助沸物中的小气泡成为液体分子的气化中心，使液体平稳沸腾，防止液体由于过热产生"暴沸"而冲出瓶外。如果加热前忘记放入助沸物，应将液体稍冷却后再补加。切忌将助沸物加到已受热接近沸腾的液体中，以防由于突然放出大量蒸汽而使液体从蒸馏瓶口喷出，造成损失和危险。如果中途停止加热，重新加热前需加入新的助沸物，因为这时助沸物中已经吸附了冷却的液体，失去了形成气化中心的功能，即失去了助沸作用。

（2）加热　用水冷凝管时，先打开冷凝水龙头缓缓通入冷水，然后开始加热。注意冷水自下而上，蒸汽自上而下，两者逆流冷却效果最好。加热时可见蒸馏瓶中液体逐渐沸腾，蒸汽逐渐上升，温度计读数也略有上升。当蒸汽的顶端达到水银球部位时，温度计读数急剧上升。这时应适当调整热源温度，使升温速度略为减慢，蒸汽顶端停留在原处，使瓶颈上部和温度计受热，让水银球上的液滴和蒸气温度达到平衡。然后再稍稍提高热源温度，进行蒸馏，控制加热温度以调整蒸馏速度，通常以每秒 1~2 滴为宜。在整个蒸馏过程中，应使温度计水银球上常有被冷凝的液滴，此时的温度即为液体与蒸汽平衡时的温度，温度计的读数就是液体（馏出液）的沸点。热源温度太高，使蒸汽成为过热蒸汽，可造成温度计所显示的沸点偏高；若热源温度太低，馏出物蒸气不能充分浸润温度计的水银球，可造成温度计读得的沸点偏低或不规则。

（3）观察沸点及收集馏液　进行蒸馏前，至少要准备两个接收瓶，其中一个接收前馏分（或称馏头），另一个（需称重）用于接收预期所需馏分（并记下该馏分的沸程，即该馏分的第一滴和最后一滴时温度计的读数）。在达到化合物沸点之前，常有一些低沸点的液体蒸出，这部分液体称为"前馏分"或"馏头"。前馏分蒸完，温度计读数上升并趋于稳定，更换接收瓶，记下开始接收该馏分和最后一滴的温度，这就是该馏分的沸程（沸点范围）。一般蒸馏液中或多或少含有一些高沸点杂质，在需要的馏分蒸出后，若继续加热，温度计读数就会显著升高，若维持原来的加热温度，温度计读数会突然下降，不会再有馏出液，这时应停止蒸馏。即使瓶中剩余的少量液体仍然是所需的化合物，也不能蒸干，特别是蒸馏硝基化合物及容易产生过氧化物的溶剂时，切忌蒸干！以免发生蒸馏瓶破裂、爆炸等意外事放。

（4）拆除蒸馏装置　蒸馏完毕，应先移去火源，接着切断冷凝管的水源，待仪器冷却后，将蒸馏系统拆开。拆除仪器的顺序和安装时相反，先取下接收瓶，并注意保护好产品。拆除水冷凝管时，应先将与水龙头连接的橡皮管一端拔下，抬高出水管的橡皮管，将冷凝管中的水放净。用过的仪器应洗净，干燥，以备下次再用。

二、简单分馏

应用分馏柱将几种沸点相近的混合物进行分离的方法称为分馏。

分馏在化学工业和实验室中被广泛应用。现在最精密的分馏设备能够将沸点相差仅 1~2℃ 的混合物分开。利用蒸馏或分馏来分离混合物的原理是一样的，实际上分馏就是多次的蒸馏。

如果将蒸气凝成的液体重新蒸馏，即又进行一次气液平衡，再度产生的蒸气中，易挥发物质组分的含量又有增高，同样，将此蒸气再经冷凝而得到的液体中，易挥发物质的组成当然更高，这样可以利用一连串的系统的重复蒸馏，最后能得到接近纯组分的两种液体。这样应用反复多次的简单蒸馏，虽然可以得到接近纯组分的两种液体，但是这样做既浪费时间，且在重复多次的蒸馏操作中损失又很大，设备复杂，所以，通常是利用分馏柱进行多次气化和冷凝，这就是分馏。

应用分馏柱将几种沸点相近的混合物进行分离的方法称为分馏。将几种具有不同沸点而又可以完全互溶的液体混合物加热，当其总蒸气压等于外界压力时，就开始沸腾气化，蒸气中易挥发液体的成分较在原混合液中为多。在分馏柱内，当上升的蒸气与下降的冷凝液互相接触时，上升的蒸气部分冷凝放出热量使下降的冷凝液部分气化，两者之间发生了热量交换，其结果，上升蒸气中易挥发组分增加，而下降的冷凝液中高沸点组分（难挥发组分）增加，如此继续多次，就等于进行了多次的气液平衡，即达到了多次蒸馏的效果。这样靠近分馏柱顶部易挥发物质的组分含量高，而在烧瓶里高沸点组分（难挥发组分）的含量高。这样只要分馏柱足够高，就可将这两种组分完全彻底地分开。

蒸馏和分馏的基本原理是一样的，都是利用有机物质的沸点不同，在蒸馏过程中低沸点的组分先蒸出，高沸点的组分后蒸出，从而达到分离提纯的目的。不同的是，分馏借助于分馏柱使一系列的蒸馏不需多次重复，一次得以完成（分馏即多次蒸馏）。两者应用范围也不同，蒸馏时混合液体中各组分的沸点要相差 30℃ 以上，才可以进行分离，而要彻底分离沸点要相差 110℃ 以上；分馏可使沸点相近的互溶液体混合物（甚至沸点仅相差 1~2℃）得到分离和纯化。工业上的精馏塔就相当于分馏柱。

实验室常用的分馏柱是一根柱身有一定形状或内部装有填料的玻璃管，其目的是要增大液相和气相接触的面积，提高分离效率。在分馏柱内不同高度的各段其组分是不同的，相距越远，组分的差别就越大，也就是说，在柱中达动态平衡的状况下，沿着分馏柱存在着组分梯度。

简单分馏所用分馏柱的种类较多，常用的有填充式分馏柱和刺形分馏柱（又称韦氏分馏柱）。填充式分馏柱是在柱内填上各种惰性材料，以增加表面积。填料有玻璃珠、玻璃管、陶瓷或各种形状的金属片或金属丝，其效率较高，适合于分离一些沸点差距较小的化合物。韦氏分馏柱结构简单，且较填充式黏附的液体少，缺点是较同样长度的填充式分馏柱的效率低，适合于分离少量且沸点差距较大的液体。若欲分离沸点相距很近的液体化合物，则必须使用精密分馏装置。分馏柱的效率是用理论塔板来衡量的。分馏柱中的混合物，经过一次气化和冷凝的热力学平衡过程，相当于一次普通蒸馏所达到的理论浓缩效率，当分馏柱达到这一浓缩效率时，分馏柱就具有一块理论塔板。柱的理论塔板数越多，分离效果越好。

实验室中简单的分馏装置包括热源、蒸馏器、分馏柱、冷凝管和接收器五个部分。安装时要注意使分馏柱保持垂直，整个装置重心较高，一定要保证各部分的稳定，最好在接收瓶底垫上用铁圈支持的石棉网，而且接液管和接收瓶也要用专用卡环或橡皮筋固定好。

简单分馏操作的分馏柱一般采用韦氏分馏柱，将待分馏的混合物放入圆底烧瓶中，加入沸石。选用合适的热源加热，液体沸腾后要注意调节浴温，使蒸气慢慢升入分馏柱，蒸气到达柱顶后，温度计读数开始快速上升，在有馏出液滴出后，调节浴温使得蒸出液体的速度控制在每 2~3s1 滴，这样可以得到比较好的分馏效果，待低沸点组分蒸完后，再渐渐升高温度，收集其他温度区间的馏分。

分馏操作中，一定要控制好加热速度，如果沸腾速度太快，冷凝下来的液体受到上升气流的冲击会在柱内聚集，造成液泛，破坏已经建立的平衡，影响分馏效果。在分馏柱外包扎石棉绳、石棉布等绝热物以保持柱内温度，也可以有效防止液泛的发生，并提高分馏效率。

除了要控制好蒸馏速度、减少分馏柱的热量散失和温度波动之外，还要控制好分馏的回流比。回流比是指在单位时间内由柱顶冷凝返回柱中液体的量与蒸出液体的量之比。回流比越高分馏效果越好，对于非常精密的分馏，使用高效率的分馏柱，回流比可达 100∶1。

三、水蒸气蒸馏

水蒸气蒸馏法系指将含有挥发性成分的植物材料与水共蒸馏，使挥发性成分随水蒸气一并馏出，经冷凝分取挥发性成分的浸提方法。该法适用于具有挥发性、能随水蒸气蒸馏而不被破坏、在水中稳定且难溶或不溶于水的植物活性成分的提取。

将水蒸气连续通入含有可挥发物质 A 的混合液，在达到相平衡时，汽相含有水蒸气和组分 A，气相的总压等于水蒸气分压和组分 A 分压之和。当气相总压等于外压时，液体便在远低于组分 A 的正常沸点的温度下沸腾，组分 A 随水蒸气蒸出。在水蒸气蒸馏操作中，水蒸气起到载热体和降低沸点的作用。

实验六　滴定分析技术

一、滴　定　管

滴定管是可放出不固定量液体的量出式玻璃量器，主要用于滴定分析中对滴定剂体积的测量。

滴定管大致有以下几种类型：普通的具塞和无塞滴定管、三通活塞自动定零位滴定管、侧边活塞自动定零位滴定管、侧边三通活塞自动定零位滴定管等。滴定管的容量最小的为 1mL，最大的为 100mL，常用的是 10、25、50mL 容量的滴定管。

自动定零位滴定管（图 2-3）是将贮液瓶与具塞滴定管通过磨口塞连接在一起的滴定装置，加液方便，可自动调零点，适用于常规分析中的经常性滴定操作。这种滴定管结构比较复杂，清洗和更换溶液都比较麻烦，价格较贵，因此并不普遍使用。在教学和科研中广泛使用的是普通滴定管（图 2-4），在此主要对其进行介绍。

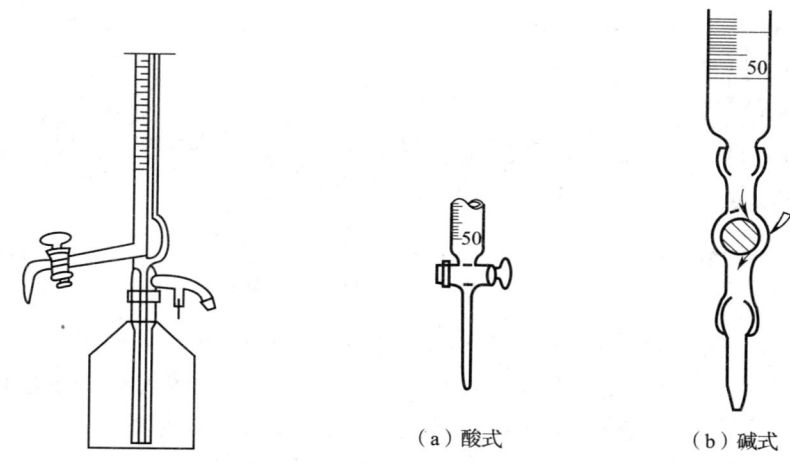

图 2-3　侧边活塞自动定零位滴定管　　图 2-4　普通滴定管

1. 滴定管的准备

新拿到一支滴定管，用前应先做一些初步检查，如酸式滴定管旋塞是否匹配，碱式滴定管的乳胶管孔径与玻璃球大小是否合适，乳胶管是否有孔洞、裂纹和硬化，滴定管是否完好无损等。初步检查合格后，进行下列准备工作。

（1）洗涤滴定管　可用自来水冲洗或用细长的刷子蘸洗衣粉液洗刷，但不能用去污粉。去污粉的细颗粒很容易粘附在管壁上，不易清洗除去。也不要用铁丝做的毛刷刷洗，因为容易划伤器壁，引起容量的变化，并且划伤的表面更易藏污垢。如果经过刷洗后内壁仍有油脂（主要来自于旋塞润滑剂）或其他能用铬酸洗液洗去的污垢，可用铬酸洗液荡洗或浸泡。对于酸式滴定管，可直接在管中加入洗液浸泡，而碱式滴定管则要先拔去乳胶管，换上一小段塞有短玻璃棒的橡皮管，然后用洗液浸泡。总之，为了尽快而方便地洗净滴定管，可根据脏物的性质、弄脏的程度，选择合适的洗涤剂和洗涤方法。无论用哪种方法洗，最后都要用自来水充分洗涤，继而用蒸馏水荡洗三次。洗净的滴定管在水流去后内壁应均匀地润上一薄层水，若管壁上还挂有水珠，说明未洗净，必须重洗。

（2）涂凡士林　使用酸式滴定管时，为使旋塞旋转灵活而又不致漏水，一般需将旋塞涂一薄层凡士林。其方法是将滴定管平放在实验台上，取下旋塞芯，用吸水纸将旋塞芯和旋塞槽内擦干。然后分别在旋塞的大头表面上和旋塞槽小口内壁沿圆周均匀地涂一层薄薄的凡士林（也可将凡士林用同法涂在旋塞芯的两头），在旋塞孔的两侧，小心地涂上一细薄层，以免堵塞旋塞孔。将涂好凡士林的旋塞芯插进旋塞槽内，向同一方向旋转旋塞，直到旋塞芯与旋塞槽接触处全部呈透明而没有纹路为止（图2-5）。涂凡士林要适量，过多可能会堵塞旋塞孔，过少则起不到润滑的作用，甚至造成漏水。把装好旋塞的滴定管平放在桌面上，让旋塞的小头朝上，然后在小头上套一个小橡皮圈以防旋塞脱落。

 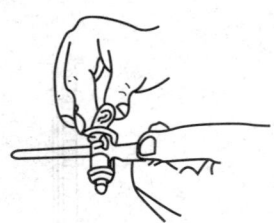

（a）旋塞槽的擦法　　　　（b）旋塞涂油法　　　　（c）旋塞的旋转法

图2-5　旋塞涂凡士林

（3）检漏　检漏的方法是将滴定管用水充满至"0"刻度附近，然后夹在滴定管架上，用吸水纸将滴定管外擦干，静置1min，检查管尖或旋塞周围有无水渗出，然后将旋塞转动180°，重新检查，如有漏水，必须重新涂油。

（4）滴定剂溶液的加入　加入滴定剂溶液前，先用蒸馏水荡洗滴定管三次，每次约10mL。荡洗时，两手平端滴定管，慢慢旋转，让水遍及全管内壁，然后从两端放出。再用待装溶液荡洗三次，用量依次为10mL、5mL、5mL。荡洗方法与用蒸馏水荡洗时相同。荡洗完毕，装入滴定液至"0"刻度以上，检查旋塞附近（或橡皮管内）及管端有无气泡，如有气泡应将其排出。排出气泡时，对酸式滴定管是用右手拿住滴定管使它倾斜约30°，左手迅速打开旋塞，使溶液冲下将气泡赶掉；对碱式滴定管可将橡皮管向上弯曲呈30°夹角，捏住玻璃珠的右上方，气泡即被溶液压出。如图2-6所示。

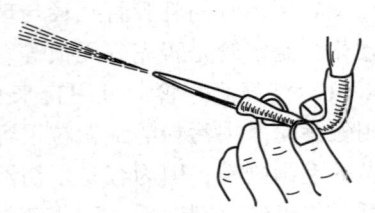

图2-6　碱式滴定管中气泡的赶出

2．滴定管的操作方法

滴定管应垂直地夹在滴定管架上。使用酸式滴定管滴定时，左手无名指和小指弯向手心，用其余三指控制旋塞旋转（图2-7）。不要将旋塞向外顶，也不要太向里紧扣，以免使旋塞转动不灵。

使用碱式滴定管时，左手无名指和中指夹住尖嘴，拇指与食指向侧面挤压玻璃珠所在部位稍上处的乳胶管（图2-8），使溶液从缝隙处流出。但要注意不能使玻璃珠上下移动，更不能捏玻璃珠下部的乳胶管。

图 2-7 酸式滴定管的操作　　图 2-8 碱式滴定管的操作

无论用哪种滴定管，都必须掌握三种加液方法：① 逐滴滴加；② 加 1 滴；③ 加半滴。

3. 滴定方法

滴定操作一般在锥形瓶内进行（图 2-7 和图 2-8）。

在锥形瓶中进行滴定时，右手前三指拿住瓶颈，瓶底离瓷板 2~3cm。将滴定管下端伸入瓶口约 1cm。左手如前述方法操作滴定管，边摇动锥形瓶，边滴加溶液。滴定时应注意以下几点。

（1）摇瓶时转动腕关节，使溶液向同一方向旋转（左旋、右旋均可），但勿使瓶口接触滴定管出口尖嘴。

（2）滴定时，左手不能离开旋塞任其自流。

（3）眼睛应注意观察溶液颜色的变化，而不要注视滴定管的液面。

（4）溶液应逐滴滴加，不要流成直线。接近终点时，应每加 1 滴，摇几下，直至加半滴使溶液出现明显的颜色变化。加半滴溶液的方法是先使溶液悬挂在出口尖嘴上，以锥形瓶口内壁接触液滴，再用少量蒸馏水吹洗瓶壁。

（5）用碱式滴定管滴加半滴溶液时，应放开食指与拇指，使悬挂的半滴溶液靠入瓶口内，再放开无名指与中指。

（6）每次滴定应从"0"分度开始。

（7）滴定结束后，弃去滴定管内剩余的溶液，随即洗净滴定管，并用水充满滴定管（或倒置于滴定管架上），以备下次再用。

若在烧杯中进行滴定，烧杯应放在白瓷板上，将滴定管出口尖嘴伸入烧杯约 1cm。滴定管应放在左后方，但不要靠杯壁，右手持玻璃棒搅动溶液。加半滴溶液时，用玻璃棒末端承接悬挂的半滴溶液，并放入溶液中搅拌。注意玻璃棒只能接触液滴，不能接触管尖。

溴酸钾法、碘量法（滴定碘法）等需在碘量瓶中进行反应和滴定。碘量瓶是带有磨口玻璃塞和水槽的锥形瓶（图 2-9），喇叭形瓶口与瓶塞柄之间形成一圈水槽，槽中加纯水可形成水封，以防止瓶中溶液反应生成的气体（Br_2、I_2 等）逸失。反

图 2-9 碘量瓶

应一定时间后，打开瓶塞水即流下并可冲洗瓶塞和瓶壁，接着进行滴定。

4．滴定管的读数

（1）读数时，可将滴定管夹在滴定管架上，也可以右手指夹持滴定管上部无刻度处。不管用哪一种方法读数，均应使滴定管保持垂直状态。

（2）读数时，视线应与液面成水平。视线高于液面，读数将偏低；反之，读数偏高（图2-10）。

（3）对于无色或浅色溶液，应该读取弯月面下缘的最低点。溶液颜色太深而不能观察到弯月面时，可读两侧最高点。初读数与终读数应取同一标准。

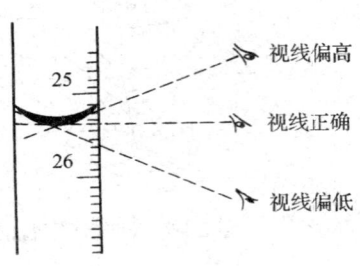

图2-10　读数时视线的位置

（4）读数应估计到最小分度的1/10。对于常量滴定管，读到小数后第二位，即估计到0.01mL。

二、移 液 管

移液管是用于准确移取一定体积溶液的量出式玻璃量器，正规名称是"单标线吸量管"，习惯称为移液管。它的中间有一膨大部分（图2-11），管颈上部刻有一标线，用来控制所吸取溶液的体积。移液管的单位为毫升（mL），其容量为在20℃时按规定方式排空后所流出纯水的体积。

移液管的正确使用方法如下。

（1）用铬酸洗液将其洗净，使其内壁及下端的外壁均不挂水珠。用滤纸片将流液口内外残留的水擦掉。

（2）移取溶液之前，先用欲移取的溶液涮洗三次。方法是：用洗净并烘干的小烧杯倒出一部分欲移取的溶液，用移液管吸取溶液5~10mL，立即用右手食指按住管口（尽量勿使溶液回流，以免稀释）。将管横过来，用两手的拇指及食指分别拿住移液管的两端，转动移液管并使溶液布满全管内壁，当溶液流至距上口2~3cm时，将管直立，使溶液由尖嘴（流液口）放出，弃去。

（3）用移液管自容量瓶中移取溶液时，右手拇指及中指拿住管颈刻度线以上的地方（后面二指依次靠拢中指），将移液管插入容量瓶内液面以下1~2cm深度。不要插入太深，以免外壁沾带溶液过多；也不要插入太浅，以免液面下降时吸空。左手拿吸耳球，排除空气后紧按在移液管口上，借吸力使液面慢慢上升，移液管应随容量瓶中液面下降而下降。当管中液面上升至刻度线以上时，迅速用食指堵住管口（食指最好

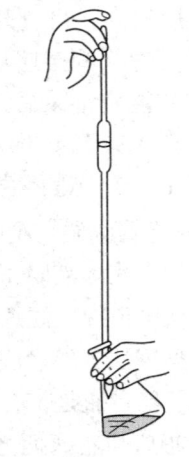

图2-11　移液管的操作

是潮而不湿），用滤纸擦去挂在外部的溶液，将移液管的流液口靠着接收器的内壁，左手拿着接收器，并使其倾斜约 30°。稍松手指，用拇指及中指轻轻捻转管身，使液面缓缓下降，直至调定零点。按紧食指，使溶液不再流出。将移液管移入准备接收溶液的容器中，仍使其流液口接触倾斜的器壁，松开食指，使溶液自由地沿器壁流下，待下降的液面静止后，再等待 15s，然后拿出移液管。

注意：在调整零点和排放溶液的过程中，移液管都要保持垂直，其流液口要接触倾斜的器壁（不可接触下面的溶液）并保持不动；等待 15s 后，流液口内残留的一点溶液绝对不可用外力使其被震出或吹出；移液管用完应放在管架上，不要随便放在实验台上，尤其要防止管颈下端被沾污。

如需吸取 1、2、5、10、25、50mL 等整数体积的溶液，用相应大小的移液管。而量取小体积且不是整数时，一般用吸量管。

三、吸 量 管

吸量管的全称是"分度吸量管"，它是带有分度的量出式量器，用于移取非固定量的溶液。吸量管的规格有 0.1、0.2、0.5、1、2、5 及 10mL 等。根据量取溶液的体积选择合适的吸量管很重要，刻度吸量管的总容量最好等于或稍大于最大取液量。例如，吸取 1.5mL 溶液选用 2mL 吸量管，吸取 2.5mL 溶液选用 5mL 吸量管。临用前一定要看清容量和刻度，有的吸量管会有一个"吹"字，表明该吸量管放完溶液后需要用洗耳球吹下管嘴部分的液体。

吸量管的使用方法与移液管大致相同，这里只强调几点。

（1）由于吸量管的容量精度低于移液管，所以在移取 2mL 以上固定量溶液时，应尽可能使用移液管。

（2）使用吸量管时，尽量在最高标线调整零点。

（3）吸量管的种类较多，要根据所做实验的具体情况合理地选用吸量管。

四、容 量 瓶

容量瓶用于准确地配制一定物质的量浓度的溶液。容量瓶上标有温度和体积，表示在所指温度下，液体的凹液面与容量瓶颈部的刻度线相切时，溶液体积恰好与瓶上标注的体积相等，主要用途为配制标准溶液、配制试样溶液或进行溶液的定量稀释。容量瓶按颜色可分为无色瓶和棕色瓶两种。一种规格的容量瓶只能量取一个量。常用的容量瓶有 100、250、500、1000mL 等多种规格。

1. 容量瓶的准备

（1）检漏　使用前检查瓶塞处是否漏水。具体操作方法是：在容量瓶内装入半瓶水，塞紧瓶塞，用右手食指顶住瓶塞，另一只手五指托住容量瓶底，将其倒立（瓶口朝下），观察容量瓶是否漏水。若不漏水，将瓶正立且将瓶塞旋转 180°后，再次倒立，检查是否漏水。若两次操作容量瓶瓶塞周围皆无水漏出，即表明容量瓶不漏水。

（2）**洗涤**　先用自来水洗涤，倒出水后，内壁如不挂有水珠，即可用蒸馏水洗涤好备用。否则必须用洗液洗涤。先尽量倒去瓶内残留的水，再倒入适量洗液，倾斜转动容量瓶使洗液布满内壁，同时将洗液慢慢倒回原瓶。然后用自来水充分洗涤容量瓶及瓶塞，每次洗涤应充分振荡，并尽量使残留的水流尽。最后用蒸馏水洗三次。应根据容量瓶的大小决定用水量，如250mL容量瓶，第一次约用30mL蒸馏水，第二、第三次约用20mL蒸馏水。

2．容量瓶的使用

将准确称量的试剂放在小烧杯中，加适量蒸馏水搅拌使之溶解，用玻璃棒将溶液转移到容量瓶中。玻璃棒应尽可能保持在烧杯或容量瓶内，玻璃棒尖端贴紧容量瓶内壁，使溶液沿玻璃棒缓缓流入容量瓶内。当烧杯内溶液全部转移结束后，慢慢扶正烧杯，同时使杯嘴沿玻璃棒上移1~2cm，避免烧杯与玻璃棒间的一滴溶液流到烧杯外。用少量蒸馏水洗涤杯壁和玻璃棒3~4次，每次洗涤液均按同样操作移入容量瓶内，当溶液达到容量瓶体积的2/3时，将容量瓶沿水平方向摇晃，初步使溶液混均，再加水至接近标线处，改用滴管在刻度线上方1cm处，沿瓶颈内壁缓缓滴加蒸馏水，至溶液弯月面恰好与标线相切。盖好瓶塞并用食指压住瓶塞，另一只手手指托住容量瓶底部，倒转容量瓶使瓶内气泡上升到顶部，边倒转边摇动。如此反复多次，直到溶液混合均匀（图2-12）。

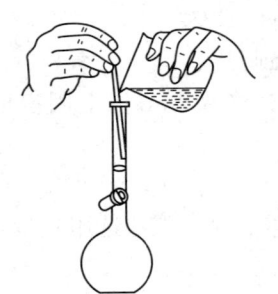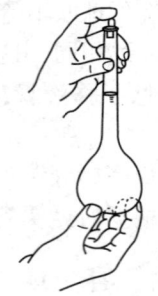

图2-12　容量瓶的使用

使用容量瓶的注意事项如下。

（1）容量瓶使用时不能加热。

（2）容量瓶与磨口瓶塞是配套的，不能互换（也有配塑料塞的）。

（3）容量瓶不能代替试剂瓶用来存放溶液。

（4）容量瓶用完后，需立即用水冲洗干净，如长期不用，磨口处应擦干，并用纸将磨口隔开。

在分析化学实验中，要求准确量度体积时，一般使用移液管、吸量管、滴定管、容量瓶。这些仪器在制造时都经过校准并标上刻度，但这些刻度有两种含义，一种是"排出"（to diliver, TD），一种是"装盛"（to contain, TC），此外，校正时还标明温度。"装盛"体积和"排出"体积是不同的，容量瓶的刻度是指"装盛"体积，而移液管、吸量管、滴定管的刻度是"排出"体积。

实验七　仪器校准技术

实验室常用的玻璃量器有移液管、容量瓶、滴定管、量筒和量杯等。

玻璃量器的校准均通过称量量器装入或流出水的质量 m，再根据该温度下水的密度 ρ，计算出量器的体积 V，$V = m/\rho$。V 与玻璃量器的标示体积比较，其误差应小于规定。

一、滴定管校准

在洗净的滴定管中加入水，并调整至弯月面恰与刻度零位相切，由滴定管中放出 5mL 水，至已称好质量的小锥形瓶中，盖好瓶塞，称重，计算放出水的质量，根据该温度下水的密度，计算放出水的实际体积。用同样的方法放出 10、15、20mL 等水，并计算出滴定管各部分的实际体积。实际体积与标示体积之差应小于允差。如一等滴定管，5mL 的允差为 ±0.01mL，10mL 的为 ±0.02mL，25mL 的为 ±0.03mL，50mL 的为 ±0.05mL。

二、容量瓶校准

将供试品准确稀释至一定体积时，需使用容量瓶。

常用容量瓶的规格有：10mL、25mL、50mL、100mL、250mL、500mL、1000mL 等。

容量瓶应定期进行校正，校正的方法如下：将容量瓶洗净、晾干，在分析天平上称定质量，加水，使弯月面至容量瓶的标线处，再称定质量，两次称量的差即为瓶中水的质量，查出水在该温度下的密度，即可计算出容量瓶的体积。实际体积与标示体积之差应小于允差。如一等的容量瓶 100mL 的允差为 ±0.10mL，50mL 的允差为 ±0.05mL，25mL 的允差为 ±0.03mL，均约为体积的千分之一。

校正容量瓶时应注意，在瓶颈内壁标线以上不能挂有水珠，否则会影响校正的结果。若挂有水珠，应用滤纸片轻轻吸去。

三、移液管校准

准确移取一定体积的液体时，需使用移液管。

移液管应定期进行校正，校正的方法是：在洗净的移液管内吸入水并使弯月面恰在标线处，然后把水放入预先已称好质量的小锥形瓶中，盖好瓶塞，称重，计算放入水的质量。查出水在该温度下的密度，即可计算出移液管的体积。实际体积与标示体积之差应小于允差。如一等的移液管，100mL 的允差为 ±0.10mL，50mL 的允差为 ±0.08mL，25mL 的允差为 ±0.05mL。

实验八　分析天平使用技术

一、电子天平的分类及选择

电子天平是最新一代的天平，是根据电磁力平衡的原理直接称量，全量程不需砝码。放上称量物后，电子天平在几秒钟内即达到平衡，显示读数，称量速度快，精度高。电子天平的支承点用弹性簧片，取代机械天平的玛瑙刀口，用差动变压器取代升降枢装置，用数字显示代替指针刻度式。因而，电子天平具有使用寿命长、性能稳定、操作简便和灵敏度高的特点。此外，电子天平还具有自动校正、自动去皮、超载指示、故障报警等功能，以及具有质量电信号输出功能，且可与打印机、计算机联用，进一步扩展其功能，如统计称量的最大值、最小值、平均值及标准偏差等。由于电子天平具有机械天平无法比拟的优点，尽管其价格较贵，但也已经越来越广泛地应用于各个领域并逐步取代机械天平。

1. 电子天平及其分类

人们把用电磁力平衡被称物体重力的天平称为电子天平。其特点是称量准确可靠、显示快速清晰并且具有自动检测系统、简便的自动校准装置以及超载保护等装置。电子天平按其精度可分为以下几类。

（1）超微量电子天平　超微量天平的最大称量是 $2\sim5g$，其标尺分度值小于（最大）称量的 10^{-6}。

（2）微量天平　微量天平的最大称量一般在 $3\sim50g$，其分度值小于（最大）称量的 10^{-5}。

（3）半微量天平　半微量天平的称量一般在 $20\sim100g$，其分度值小于（最大）称量的 10^{-5}。

（4）常量电子天平　此种天平的最大称量一般在 $100\sim200g$，其分度值小于（最大）称量的 10^{-5}。

分析天平其实是电子分析天平，是常量天平、半微量天平、微量天平和超微量天平的总称。

精密电子天平是这类电子天平准确度级别为Ⅱ级的电子天平的统称。

2. 电子天平的选购

（1）如何选择电子天平　选择电子天平应该从电子天平的绝对精度（分度值 e）上去考虑是否符合称量的精度要求。如选 $0.1mg$ 精度的天平或 $0.01mg$ 精度的天平，切忌不可笼统地说要万分之一或十万分之一精度的天平，因为国外有些厂家是用相对精度来衡量天平的，否则买来的天平无法满足用户的需要。例如，在实际工作中遇到这样一种情况，用一台实际标尺分度值 d 为 $1mg$，检定标

尺分度值 e 为 10mg，最大称量为 200g 的电子天平，用来称量 7mg 的物体，这样是不能得出准确结果的。最大允许误差与检定标尺分度值 e 为同一数量级，此台天平的最大允许误差为 $1e$，显然不能称量 7mg 的物体；称量 15mg 的物体用此类天平也不是最佳选择，因为其测试结果的相对误差会很大，应选择更高一级的天平。有的厂家在出厂时已规定了最小称量的数值。因此在选购及使用电子天平时必须考虑精度等级。

（2）对称量范围的要求　选择电子天平除了看其精度，还应看最大称量是否满足量程的需要。通常取最大载荷加少许保险系数即可，也就是常用载荷再放宽一些即可，不是越大越好。

3. 电子天平的校准（使用前一定要仔细阅读说明书）

在检定（测试）中会发现，对天平进行首次计量测试时误差较大，究其原因，相当一部分仪器在较长的时间间隔内未进行校准，而且认为天平显示零位便可直接称量。需要指出的是，电子天平开机显示零点，不能说明天平称量的数据准确度符合测试标准，只能说明天平零位稳定性合格。因为衡量一台天平合格与否，还需综合考虑其他技术指标的符合性。所以存放时间较长、位置移动、环境变化或为获得精确测量，天平在使用前一般都应进行校准操作。校准方法分为内校准和外校准两种。德国生产的沙特利斯，瑞士产的梅特勒，我国上海产的"JA"等系列电子天平均有校准装置。如果使用前不仔细阅读说明书很容易忽略"校准"操作，造成较大的称量误差。

二、电子天平的使用方法

（1）水平调节

① 水平仪气泡的作用：电子天平在称量过程中会因为摆放位置不平而产生测量误差，称量精度越高误差就越大（如精密分析天平、微量天平），为此大多数电子天平都提供了调整水平的功能。

电子天平都有一个水准泡。水准泡必须位于液腔中央，否则称量不准确。调好之后，应尽量不要搬动，否则，水准泡可能发生偏移，又需重调。电子天平一般有两个调平底座，一般位于后面，也有位于前面的。旋转这两个调平底座，就可以调整天平水平。

② 水平仪气泡的调整方法：首先，旋转左或右调平底座，把水准泡先调到液腔左右的中间。单独旋转一个左或右调平底座，其实是调整天平的倾斜度，肯定可以将水准泡调到液腔左右的中间。关键是调哪一个调平底座。初学者可以这样判断，先手动倾斜天平，使水准泡达到液腔左右的中间，然后看调平底座，哪一个高了，或者低了，调整其中一个调平底座的高矮，就可以使水准泡移动到液腔左右的中间。

注意，同时旋转两个调平底座，两手幅度必须一致，都需顺时针或者逆时针，让水准泡在液腔左右的中间线前后移动，最终移动到液腔中央，调平底座同时顺时针或者逆时针旋转，则天平倾斜度不变，这样水准泡就不会脱离液腔左右的中间线，只要旋转方向没有问题，就肯定可以达到液腔中央。

同时顺时针或者逆时针旋转：双手同时旋转调平底座，一只手向胸前，一只手向胸外，方向相反，一般就是同时顺时针或者逆时针旋转底座。

方向问题：初学者不大容易判断方向。可手动抬高底座或另一个支座，使水泡向中央移动，再观察调平底座的位置，看是需要调高还是需要调低。

（2）预热 接通电源，预热至规定时间后（天平长时间断电之后再使用时，至少需预热30min），开启显示器进行操作。

（3）开启显示器 轻按"ON"键，显示器全亮，约2s后，显示天平的型号，然后是称量模式"0.0000g"。读数时应关上天平门。

（4）天平基本模式的选定 天平通常为"通常情况"模式，并具有断电记忆功能。使用时若改为其他模式，使用后一经按"OFF"键，天平即恢复"通常情况"模式。称量单位的设置等可按说明书进行操作。

（5）校准 天平安装后，第一次使用前，应对天平进行校准。因存放时间较长、位置移动、环境变化或未获得精确测量，天平在使用前一般都应进行校准操作。采用外校准（有的电子天平具有内校准功能），由"TAR"键清零及"CAL"键、100g校准砝码完成。

轻按"CAL"键，当显示器出现"CAL－"时，即松手，显示器显示"CAL－100"，其中"100"为闪烁码，表示需用100g的标准砝码。此时就把准备好的100g校准砝码放上秤盘，显示器即出现"－－－－"等待状态，经较长时间后显示器出现"100.0000g"，拿去校准砝码，显示器应出现"0.0000g"，若出现的不是零，则再清零，重复以上校准操作（注意：为了得到准确的校准结果最好重复以上校准）。

（6）称量 按"TAR"键，显示为零后，置称量物于秤盘上，待数字稳定即显示器左下角的"0"标志消失后，即可读出称量物的质量值。

（7）去皮称量 按"TAR"键清零，置容器于秤盘上，天平显示容器质量，再按"TAR"键，显示零，即去除皮重。再置称量物于容器中，或将称量物（粉末状物或液体）逐步加入容器中直至达到所需质量，待显示器左下角"0"消失，这时显示的是称量物的净质量。将秤盘上的所有物品拿开后，天平显示负值，按"TAR"键，天平显示"0.0000g"。若称量过程中秤盘上的总质量超过最大载荷时，天平仅显示上部线段，此时应立即减小载荷。

（8）称量结束后，若较短时间内还使用天平（或其他人还使用天平），一般不用按"OFF"键关闭显示器。实验全部结束后，关闭显示器，切断电源，若短时间内（如2h内）还使用天平，可不必切断电源，再用时可省去预热时间。若当天不再使用天平，应拔下电源插头。

三、称 量 方 法

常用的称量方法有直接称量法、固定质量称量法和递减称量法。

（1）直接称量法　此法是将称量物直接放在天平盘上直接称量物体的质量。例如，称量小烧杯的质量、容量器皿校正中称量某容量瓶的质量、重量分析实验中称量某坩埚的质量等，都使用这种称量法。

（2）固定质量称量法　此法又称增量法，用于称量某一固定质量的试剂（如基准物质）或试样。这种称量操作的速度很慢，适于称量不易吸潮、在空气中能稳定存在的粉末状或小颗粒（最小颗粒应小于 0.1mg，以便容易调节其质量）样品。

固定质量称量法应注意：若不慎加入试剂超过指定质量，应先关闭电源，然后用牛角匙取出多余试剂。重复上述操作，直至试剂质量符合指定要求为止。严格要求时，取出的多余试剂应弃去，不要放回原试剂瓶中。操作时不能将试剂散落于天平盘等容器以外的地方，称好的试剂必须定量地由表面皿等容器直接转入接收容器，此即所谓"定量转移"。

（3）递减称量法　又称减量法，此法用于称量一定质量范围的样品或试剂。在称量过程中样品易吸水、易氧化或易与 CO_2 等反应时，可选此法。由于称取试样的质量是由两次称量之差求得，故也称差减法。

① 从干燥器中用纸带（或纸片）夹住称量瓶后取出称量瓶（注意：不要让手指直接触及称量瓶和瓶盖，可以使用称量用的手套），用纸片夹住称量瓶盖柄，打开瓶盖，用牛角匙加入适量试样（一般为称一份试样量的整数倍），盖上瓶盖，称出称量瓶加试样后的准确质量（图 2 – 13）。

② 将称量瓶从天平上取出，在接收容器的上方倾斜瓶身，用称量瓶盖轻敲瓶口上部使试样慢慢落入容器中，瓶盖始终不要离开接收器上方。当倾出的试样接近所需量（可从体积上估计或试重得知）时，一边继续用瓶盖轻敲瓶口，一边逐渐将瓶身竖直，使粘附在瓶口上的试样落回称量瓶，然后盖好瓶盖，准确称其质量（图 2 – 14）。

图 2 – 13　称量瓶

图 2 – 14　倾出试样的操作

③ 两次质量之差，即为试样的质量。按上述方法连续递减，可称量多份试样。有时一次很难得到合乎质量范围要求的试样，可重复上述称量操作 1~2 次。

四、电子天平的维护与保养

（1）电子天平安装室的环境要求
① 房间应避免阳光直射，最好选择阴面房间或采用遮光的办法。
② 应远离震源，如铁路、公路、震动机等震动机械，无法避免时应采取防震措施。
③ 应远离热源和高强电磁场等环境。
④ 工作室内温度应恒定，以20℃左右为佳。
⑤ 工作室内的相对湿度应在45%～75%为佳。
⑥ 工作室内应清洁干净，避免气流的影响。
⑦ 工作室内应无腐蚀性气体的影响。
（2）在使用前调整水平仪气泡至中间位置。
（3）电子天平应按说明书的要求进行预热。
（4）称量易挥发和具有腐蚀性的物品时，要盛放在密闭的容器中，以免腐蚀和损坏电子天平。
（5）经常对电子天平进行自校或定期外校，保证其处于最佳状态。
（6）如果电子天平出现故障应及时检修，不可带"病"工作。
（7）操作电子天平不可过载使用以免损坏天平。
（8）若长期不用电子天平时应暂时收藏为好。

总而言之，从事电子天平使用的工作人员，只要考虑和做到以上几个方面，就可有效地提高称量的准确度，延长天平的使用年限，保证检测工作的质量。

实验九　溶液配制与标定技术

一、溶液浓度的表示方法

一种物质以分子、离子状态分散于另一种物质中所构成的均匀而又稳定的体系称为溶液。溶液分为气态溶液、液态溶液、固态溶液，通常不加说明的溶液是指液态溶液。最常见的溶液是水溶液，简称为溶液。

一定量溶液或溶剂中所含的溶质的量即"浓度"。根据溶质的量的不同表示方法及它在溶液或溶剂中的量，溶液的浓度可以用不同的方法来表示。常用的表示方法为：质量分数、摩尔分数、体积分数、物质的量浓度、滴定度、质量摩尔浓度等。

1. 质量分数

混合体系中，溶质 B 的质量与混合物的质量之比，称为溶质 B 的质量分数，其数学表达式为：

$$\omega_B = \frac{m_B}{m}$$

式中　ω_B——溶质 B 的质量分数

m_B——溶质 B 的质量，kg

m——溶液的总质量，kg

注意：使用质量分数时分子、分母的单位要一致。物质的质量分数一般采用数学符号%表述其结果。

2．摩尔分数

溶质 B 的物质的量与溶液的总物质的量之比，称为溶质 B 的摩尔分数，也称物质的量分数，符号 x_B，量纲为 1。

$$x_B = \frac{n_B}{n}$$

式中　x_B——溶质 B 的摩尔分数

n_B——溶质 B 的物质的量，mol

n——溶液的总物质的量，mol

对于一个二组分的溶液体系来说，其溶质的摩尔分数与溶剂的摩尔分数分别为：

$$x_B = \frac{n_B}{n_A + n_B} \qquad x_A = \frac{n_A}{n_A + n_B}$$

而 $x_B + x_A = 1$。对任何一个多组分体系，都存在 $\sum x_i = 1$。

3．体积分数

表示物质 B 的体积分数时，采用符号 ϕ_B 或 $\phi_{(B)}$。体积分数是指物质 B 的体积与混合过程前的总体积之比。

$$\phi_B = \frac{V_B}{V_0}$$

式中　V_0——在混合过程前的总体积

V_B——物质 B 的体积

ϕ_B 常用%表示。当用%表示时，也有时用%（体积）表达，以区别于质量分数。

倘若研究气体则用体积分数，用体积的相对量表示。

$$\phi_B = \frac{V_B}{V_A + V_B} \quad \phi_A = \frac{V_A}{V_A + V_B}$$

$$\phi_B + \phi_A = 1$$

4．物质的量浓度

（1）物质的量　物质的量是表示组成物质的基本单元数目多少的物理量。物系所含的基本单元数与 $0.12kg^{12}C$ 的原子数目相等（6.023×10^{23} 阿伏伽德罗常数 N_A），则为 1mol。

$$n_B = \frac{m_B}{M_B}$$

（2）物质的量浓度 溶液中溶质 B 的物质的量浓度是指溶质 B 的物质的量除以混合溶液的体积。用符号 c_B 表示，即：

$$c_B = \frac{n_B}{V}$$

式中 n_B——物质 B 的物质的量，mol

V——混合物的体积，L

注意：物质的量浓度的国际单位（SI 单位）为 mol/m^3，常用单位为 mol/L。使用物质的量单位"mol"时，要指明物质的基本单元。基本单元的定义：系统中组成物质的基本组分，可以是分子、离子、电子等及其这些粒子的特定组合。同一种物质，用不同的基本单元表示其浓度时，其浓度值不同。

5. 滴定度

在滴定分析中，标准溶液的浓度通常用物质的量浓度或滴定度表示。

滴定度（T）有两种表示方法：一种是以每毫升标准溶液中含有的标准物质的质量来表示，以 T_s 表示。例如，$T_{NaOH} = 0.004000 g/mL$。另一种是以每毫升标准溶液相当的被测物质的质量来表示，以 $T_{s/x}$ 表示。例如，$T_{K_2Cr_2O_7/Fe} = 0.005585 g/mL$ 表示 1.00mL $K_2Cr_2O_7$ 标准溶液相当于 0.005585g 的 Fe。在生产实践中对分析对象进行固定的分析，为简化计算，常采用滴定度的表示方法。

滴定度的优点是，只要将滴定时所消耗的标准溶液的体积乘以滴定度，就可以直接得到被测物质的质量。这在生产单位的例行分析中很方便。

物质的量浓度和滴定度间可进行换算。

若滴定反应为：

$$\underset{(\text{滴定剂})}{aA} + \underset{(\text{被测物})}{bB} = \underset{(\text{生成物})}{P}$$

$T_{A/B}$ 表示 1.00mL A 溶液相当于 B 的质量（g），即：

$$T_{A/B} = c_A \times \frac{1.00}{1000} \times M_A \times \frac{M(bB)}{M(aA)}$$

$$= c_A \times \frac{1.00}{1000} \times M_A \times \frac{bM_B}{aM_A}$$

$$= c_A \times \frac{1.00}{1000} \times M_B \times \frac{b}{a}$$

$$c_A = \frac{1000 T_{A/B} a}{M_B b}$$

6. 质量摩尔浓度

单位溶剂中含有溶质的物质的量，即 1000g（1kg）溶剂 A 中所含溶质 B 的物质的量，称为溶质 B 的质量摩尔浓度。其数学表达式为：

$$b_B = \frac{n_B}{m_A}$$

式中 b_B——溶质 B 的质量摩尔浓度，mol/kg

　　　n_B——物质 B 的物质的量，mol

　　　m_A——溶剂的质量，kg

由于物质的质量不受温度的影响，所以质量摩尔浓度是一个与温度无关的物理量，因此，它常被用于稀溶液依数性的研究和一些精密的测定中。而对于浓度较稀的水溶液来说，1L 溶液的质量约为 1kg，因此质量摩尔浓度近似等于其物质的量浓度。

常用的浓度表示方法归纳为表 2 –1。

表 2 –1　　　　　　　　　常用的浓度表示方法

浓度表示方法	符号	表达式	定义
质量分数	ω_B	$\omega_B = \dfrac{m_B}{m}$	m_B 为溶质 B 的质量，m 为溶液的总质量
摩尔分数	x_B	$x_B = \dfrac{n_B}{n}$	n_B 为溶质 B 的物质的量，n 为溶液的总物质的量
体积分数	ϕ_B	$\phi_B = \dfrac{V_B}{V_0}$	V_0 为在混合过程前的总体积，V_B 为物质 B 的体积
物质的量浓度	c_B	$c_B = \dfrac{n_B}{V}$	n_B 为物质 B 的物质的量，V 为混合物的体积
质量摩尔浓度	b_B	$b_B = \dfrac{n_B}{m_A}$	n_B 为物质 B 的物质的量，m_A 为溶剂的质量

二、标准溶液的配制

标准溶液指已知其准确浓度的溶液。

1. 直接配制法

（1）在分析天平上准确称取一定质量的某物质，溶解于适量水后定量转入容量瓶中，然后稀释、定容并摇匀。

（2）基准物质　能用来直接配制标准溶液的化学试剂称为基准物质。

要求：① 组成符合化学式，若含结晶水时，其结晶水的含量也应与化学式相符；② 纯度要高，主成分的含量应在 99.9% 以上；③ 性质稳定，不分解，不风化，不潮解；④ 试剂的摩尔质量较大，这样可以减小称量误差；⑤ 滴定反应中能按化学计量关系定量地、迅速地进行。

2. 间接配制法（标定法）

先将这类物质配制成近似于所需浓度的溶液，然后利用该物质与某基准物质或另一种标准溶液之间的反应来确定其准确浓度。

三、溶液的标定

1. 提高标定准确度的方法

(1) 标定时应平行测定 3~4 次,测定结果的相对偏差不大于 0.2%。

(2) 称取基准物质的量不能太少,应大于 0.2000g。

(3) 滴定时消耗标准溶液的体积不应太少,应在 20~25mL。

(4) 配制和标定溶液时使用的量器,如滴定管、容量瓶和移液管等,在必要时应校正其体积,并考虑温度的影响。

(5) 标定后的溶液应妥善保存。

2. 酸、碱标准溶液的标定

(1) 酸标准溶液的标定 标定 HCl 溶液的基准物质,通常用无水碳酸钠和硼砂等。

① 无水碳酸钠 (Na_2CO_3):容易制得纯品,价格便宜,但其有较强的吸湿性,使用时应先将其置于电烘箱中,在 180℃ 干燥 2~3h,放入干燥器内冷却后备用。

用 Na_2CO_3 标定 HCl 的反应如下:

$$Na_2CO_3 + 2HCl \longrightarrow 2NaCl + CO_2\uparrow + H_2O$$

反应完全时,pH 的突跃范围为 3.5~5.0,可选用甲基橙或甲基红作指示剂,临近终点应剧烈摇动溶液或煮沸,以消除 CO_2 的影响。

按下式计算 HCl 溶液的浓度:

$$c_{HCl} = \frac{m_{Na_2CO_3}}{M_{\frac{1}{2}Na_2CO_3} V_{HCl}}$$

② 硼砂 ($Na_2B_4O_7 \cdot 10H_2O$):容易提纯,吸湿性小,摩尔质量大,但易失去结晶水,有风化失水的现象,应保存在相对湿度 60% 的恒湿容器中。

用 $Na_2B_4O_7 \cdot 10H_2O$ 标定 HCl 的反应如下:

$$Na_2B_4O_7 + 2HCl + 5H_2O \longrightarrow 4H_3BO_3 + 2NaCl$$

化学计量点产物 H_3BO_3 ($Ka_1 = 5.8 \times 10^{-10}$),溶液的 pH = 5.1,可选用甲基红作指示剂。

按下式计算 HCl 溶液的浓度:

$$c_{HCl} = \frac{m_{Na_2B_4O_7 \cdot 10H_2O}}{M_{\frac{1}{2}Na_2B_4O_7 \cdot 10H_2O} V_{HCl}}$$

(2) 碱标准溶液的标定 标定 NaOH 溶液的基准物质,通常用邻苯二甲酸氢钾和草酸等。

① 邻苯二甲酸氢钾 ($KHC_8H_4O_4$):容易制得纯品,在空气中不吸水,容易保存。

用 $KHC_8H_4O_4$ 标定 NaOH 的反应,反应产物为邻苯二甲酸钠钾,化学计量点时溶液的 pH = 9.05,可选用酚酞作指示剂。

按下式计算 NaOH 溶液的浓度：

$$c_{NaOH} = \frac{m_{KHC_8H_4O_4}}{M_{KHC_8H_4O_4} V_{NaOH}}$$

② 草酸（$H_2C_2O_4 \cdot 2H_2O$）：草酸相当稳定，相对湿度在 5%～95% 时不会风化失水，可保留在密闭容器中备用。

草酸是二元酸，其 $Ka_1 = 5.98 \times 10^{-2}$，$Ka_2 = 6.4 \times 10^{-5}$。由于 Ka_1/Ka_2 比值较小，因此用 NaOH 溶液滴定时，按二元酸一次被滴定，其反应如下：

$$H_2C_2O_4 + 2 NaOH \longrightarrow Na_2C_2O_4 + 2H_2O$$

化学计量点时溶液的 pH 约为 8.4，pH 的突跃范围为 7.7～10.0，可选用酚酞作指示剂。

按下式计算 NaOH 溶液的浓度：

$$c_{NaOH} = \frac{m_{H_2C_2O_4 \cdot 2H_2O}}{M_{\frac{1}{2}H_2C_2O_4 \cdot 2H_2O} V_{NaOH}}$$

思考练习题

1. 常见溶液浓度的表示方法有哪几种？
2. 什么是标准溶液？标准溶液如何配制？
3. 什么是基准物质？基准物质应具备哪些条件？
4. 滴定度的表示方法有哪几种？
5. NaOH 和 HCl 可否作为基准物质？为什么？
6. 容量瓶使用时应注意哪些事项？
7. 简述提高标定准确度的方法。
8. 准称取 0.5877g 基准试剂 Na_2CO_3，在 100mL 容量瓶中配制成溶液，其浓度为多少？移取该标准溶液 20.00mL 标定某 HCl 溶液，滴定中用去 HCl 溶液 21.96mL，计算该 HCl 溶液的浓度。

第三章　无机及分析化学实训项目

实训一　食醋中总酸度的测定

一、氢氧化钠标准溶液的配制与标定

任务	任务目标	技能要素
NaOH 标准溶液的配制	配制 0.1mol/L NaOH 溶液	溶质、溶剂用量的计算 托盘天平的称量操作 量筒的使用
NaOH 标准溶液的标定	掌握用基准物质邻苯二甲酸氢钾对氢氧化钠的标定方法	分析天平的差减法称量操作 容量瓶的正确使用 碱式滴定管的正确使用 移液管的正确操作 滴定正确操作 终点颜色判断

仪器试剂

仪器：碱式滴定管（50mL）、移液管（25mL）、容量瓶（100mL）、锥形瓶（250mL）、分析天平（0.0001g）、托盘天平（0.1g）、烧杯（100mL、250mL、400mL）、量筒、玻璃棒。

试剂：NaOH、酚酞指示剂、邻苯二甲酸氢钾（基准试剂）。

实训内容

【知识点】

反应原理：$NaOH + KHC_8H_4O_4 \longrightarrow KNaC_8H_4O_4 + H_2O$

【能力点】

1. 巩固分析天平差减法称量技术。
2. 学习 NaOH 标准溶液的配制与标定方法。
3. 掌握滴定终点判断及半滴加入操作技术。

工作过程

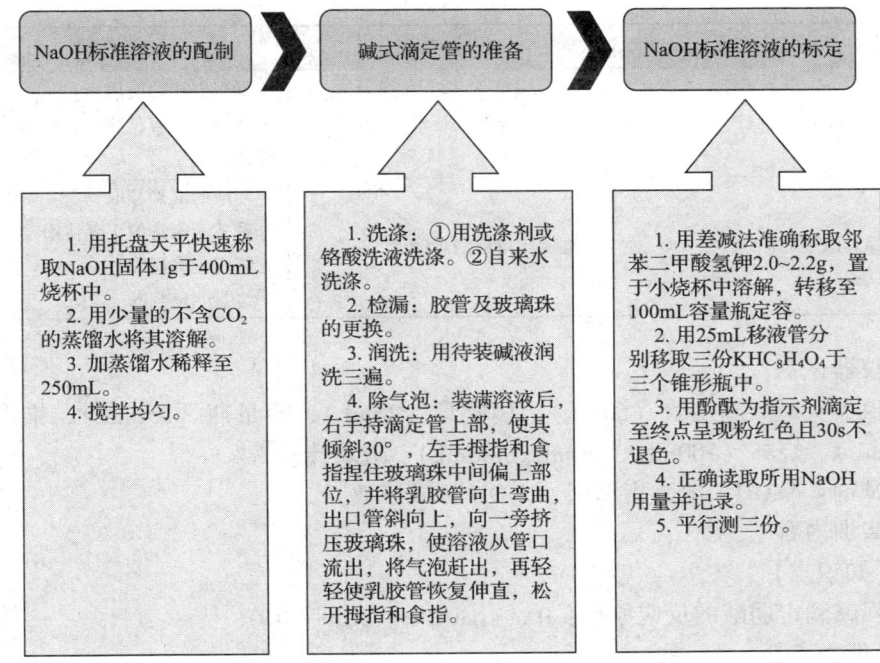

数据记录与结果处理

项目	1号	2号	3号
$KHC_8H_4O_4$ + 称量瓶质量/g			
称量瓶 + 剩余 $KHC_8H_4O_4$ 质量/g			
$KHC_8H_4O_4$ 质量/g			
滴定管初始读数/mL			
滴定管终点读数/mL			
消耗 NaOH 体积 V/mL			
消耗 NaOH 平均体积 V/mL			
NaOH 平均浓度 c/(mol/L)			

NaOH 浓度的计量关系：

$$c_{NaOH} = \frac{m_{KHC_8H_4O_4}}{M_{KHC_8H_4O_4} V_{NaOH}} \times \frac{25}{100}$$

二、食醋总酸度的测定

任务	任务目标	技能要素
食醋测定液的准备	将样品食醋进行准确稀释	稀释定律的应用 移液管与容量瓶的正确搭配与使用技能
食醋总酸度的测定	准确测得食醋总酸度	溶液的准确移取 碱式滴定管的正确使用 滴定正确操作 终点颜色判断

仪器试剂

仪器：碱式滴定管（50mL）、移液管（25mL）、容量瓶（250mL）、锥形瓶（250mL）、烧杯（100mL、250mL、400mL）、玻璃棒。

试剂：NaOH、酚酞指示剂、NaOH 标准溶液。

实训内容

【知识点】

强碱滴定弱酸的反应原理：HAc + NaOH ⟶ NaAc + H_2O

【能力点】

1．巩固碱式滴定管的正确使用技能。
2．掌握移液管与容量瓶的搭配使用技能。

工作过程

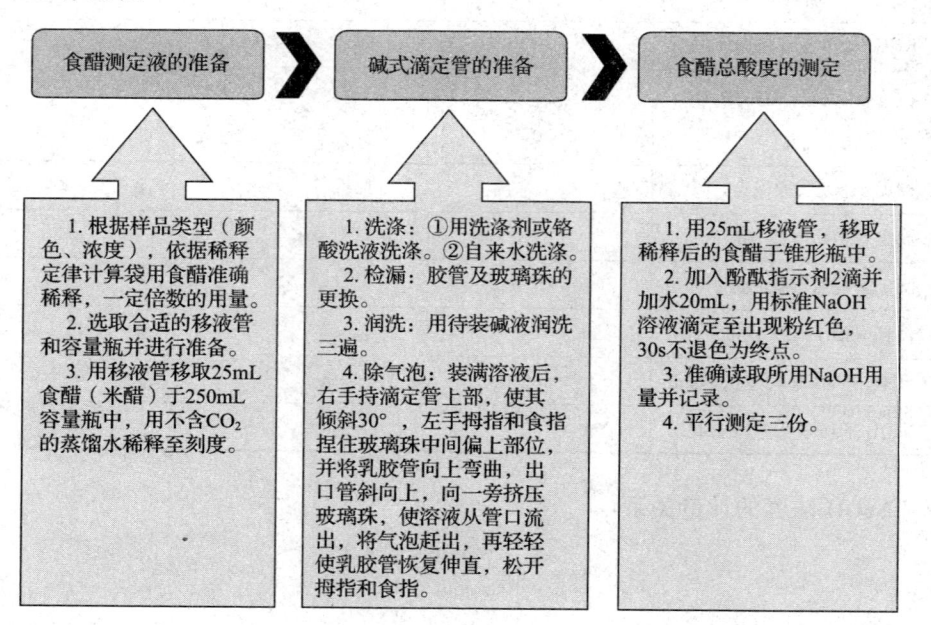

数据记录与结果处理

项目	1号	2号	3号
滴定管初始读数/mL			
滴定管终点读数/mL			
消耗 NaOH 体积 V/mL			
消耗 NaOH 平均体积 V/mL			
食醋总酸度 ρ			

NaOH 测定食醋的计量关系：

$$\rho_{HAc} = \frac{c_{NaOH} V_{NaOH} M_{HAc}}{25 \times \frac{25}{250}}$$

思考题

1. 为什么使用酚酞作指示剂？
2. 如果使用甲基红作指示剂，消耗的 NaOH 标准溶液的体积是偏大还是偏小？为什么？
3. 以酚酞为指示剂标定氢氧化钠溶液时，终点为微红色，30s 不退色，如果经过较长的时间后微红色慢慢退去，为什么？
4. 草酸（$H_2C_2O_4 \cdot 2H_2O$）能否用来标定氢氧化钠？
5. 计算标定 1mL 0.1mol/L 的氢氧化钠溶液所需要的邻苯二甲酸氢钾的质量。
6. 滴定中酚酞的用量对实验结果是否有影响？
7. 如果 NaOH 标准溶液在放置过程中吸收了 CO_2，测定结果会怎样？
8. 加入 20mL 蒸馏水的作用是什么？
9. 为什么使用酚酞作指示剂？如使用甲基橙作指示剂结果会怎样？

实训二　白酒中总酸度的测定

一、氢氧化钠标准溶液的配制与标定

见实训一。

二、白酒总酸度的测定

任务	任务目标	技能要素
白酒样品准备	样品的准确量取	移液管与容量瓶的正确搭配与使用技能
白酒总酸度测定	准确测得白酒总酸度	溶液的准确移取 碱式滴定管的正确使用 滴定正确操作 终点颜色判断

仪器试剂

仪器：碱式滴定管（50mL）、移液管（50mL）、容量瓶（250mL）、锥形瓶（250mL）、烧杯（100mL、250mL、400mL）、玻璃棒。

试剂：NaOH、白酒、酚酞指示剂、NaOH 标准溶液。

实训内容

【知识点】

强碱滴定弱酸的反应原理：HAc + NaOH→NaAc + H_2O

【能力点】

1. 巩固碱式滴定管的正确使用技能。
2. 掌握移液管与容量瓶的搭配使用技能。

工作过程

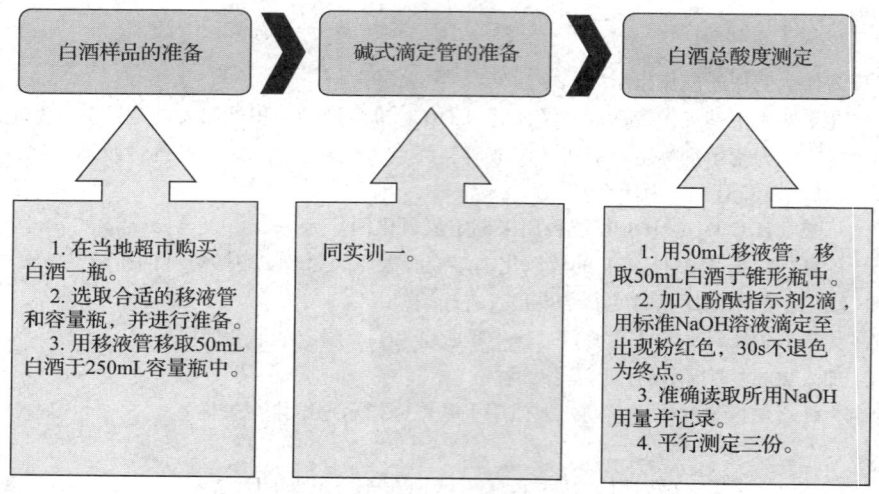

数据记录与结果处理

项目	1号	2号	3号
滴定管初始读数/mL			
滴定管终点读数/mL			
消耗 NaOH 体积 V/mL			
消耗 NaOH 平均体积 V/mL			
白酒总酸度 ρ			

NaOH 测定白酒的计量关系：

$$\rho_{HAc} = \frac{C_{NaOH} V_{NaOH} M_{HAc}}{50}$$

思考题

为什么使用酚酞作指示剂？如使用甲基橙作指示剂结果会怎样？

实训三　水果罐头总酸度的测定

一、样品的处理

任务	任务目标	技能要素
水果罐头的处理	掌握水果样品的预处理方法	过滤的步骤及注意事项 容量瓶的使用

仪器试剂

仪器：布氏漏斗、滤纸、移液管（50mL）、容量瓶（250mL）、抽滤瓶、天平、组织捣碎机。

试剂：苹果罐头、蒸馏水。

实训内容

【知识点】

液体的抽滤操作步骤和要点。

【能力点】

巩固液体抽滤操作技术。

工作过程

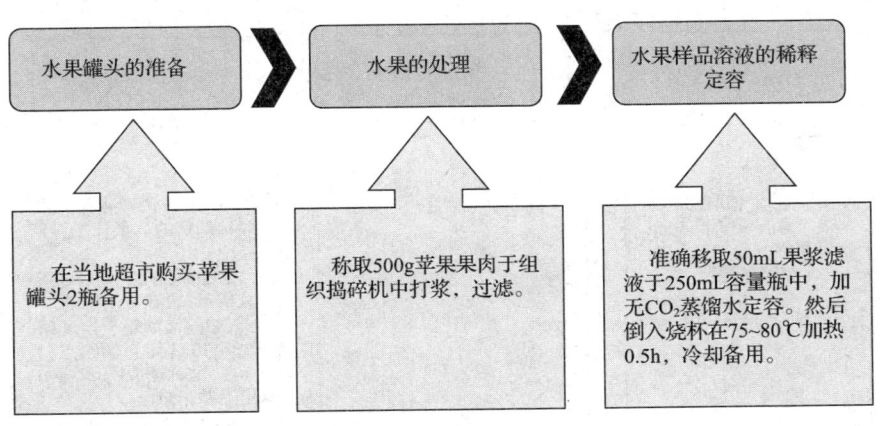

二、氢氧化钠标准溶液的配制与标定

见实训一。

三、水果罐头总酸度测定

任务	任务目标	技能要素
苹果罐头总酸度的测定	准确测量苹果罐头的总酸度	溶液的准确移取 碱式滴定管的正确使用 滴定正确操作 终点颜色判断

仪器试剂

仪器：碱式滴定管（50mL）、移液管（50mL）、容量瓶（250mL）、锥形瓶（250mL）、烧杯（100mL、250mL、400mL）、玻璃棒。

试剂：NaOH、苹果罐头、酚酞指示剂、NaOH 标准溶液。

实训内容

【知识点】

强碱滴定弱酸的反应原理：$HAc + NaOH \rightarrow NaAc + H_2O$

【能力点】

1. 巩固碱式滴定管的正确使用技能。
2. 掌握移液管与容量瓶的搭配使用技能。

工作过程

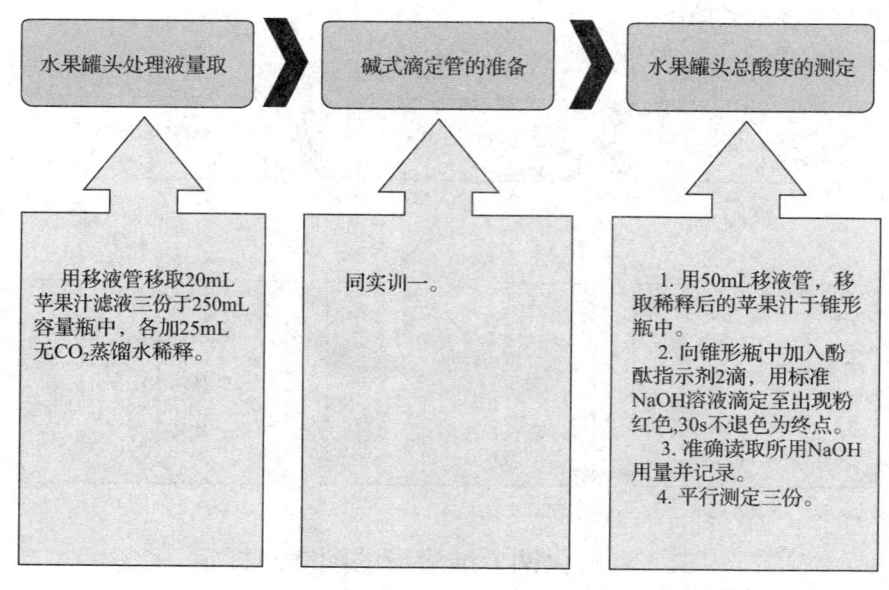

数据记录与结果处理

项目	1号	2号	3号
滴定管初始读数/mL			
滴定管终点读数/mL			
消耗 NaOH 体积 V/mL			
消耗 NaOH 平均体积 V/mL			
苹果罐头总酸度 ρ			

NaOH 测定苹果罐头总酸度的计量关系：

$$\rho_{HAc} = \frac{C_{NaOH} V_{NaOH} M_{HAc}}{\frac{20 \times 50}{250}}$$

思考题

1. 为什么使用酚酞作指示剂？如使用甲基橙作指示剂结果会怎样？
2. 为什么用无 CO_2 的蒸馏水配制样品溶液？

实训四　阿司匹林含量的测定

一、氢氧化钠标准溶液的配制与标定

见实训一。

二、阿司匹林含量的测定

任务	任务目标	技能要素
阿司匹林的精密称取	样品溶液的溶解	稀释定律的应用 移液管与容量瓶的正确搭配与使用技能
阿司匹林含量测定	准确测定阿司匹林含量	溶液的准确移取 碱式滴定管的正确使用 滴定正确操作 终点颜色判断

仪器试剂

仪器：碱式滴定管（50mL）、移液管（25mL）、容量瓶（250mL）、锥形瓶

（250mL）、烧杯（100mL、250mL、400mL）、玻璃棒。

试剂：NaOH、阿司匹林（$C_9H_8O_4$）、酚酞指示剂、NaOH 标准溶液。

实训内容

【知识点】

强碱滴定弱酸的反应原理：$C_9H_8O_4 + NaOH \rightarrow C_9H_7NaO_4 + H_2O$

【能力点】

1. 巩固碱式滴定管的正确使用技能。
2. 掌握移液管与容量瓶的搭配使用技能。

工作过程

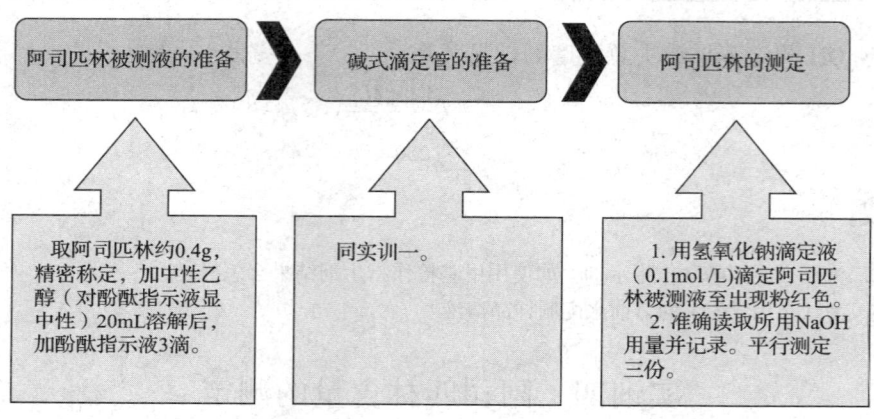

数据记录与结果处理

项目	1号	2号	3号
滴定管初始读数/mL			
滴定管终点读数/mL			
消耗 NaOH 体积 V/mL			
阿司匹林含量 w/%			
阿司匹林平均含量 w/%			

阿司匹林含量计算式：

$$w = \frac{VFT}{m \times 1000} \times 100\%$$

式中　m——参与滴定的阿司匹林样品质量，g

　　　F——校正系数，$F = \dfrac{\text{NaOH 滴定液标定的浓度}}{\text{NaOH 滴定液的名义浓度}}$

　　　V——消耗 NaOH 溶液的体积，mL

T——滴定度,$T = 18.02\text{mg/mL}$,即每 1mL 氢氧化钠滴定液(0.1mol/L)相当于 18.02mg 的阿司匹林

思考题

1. 为什么加入中性乙醇溶解样品?
2. 如果加乙醇溶解会有什么结果?
3. 为什么使用酚酞作指示剂?如使用甲基橙作指示剂结果会怎样?

实训五 盐酸可卡因含量的测定

一、高氯酸标准溶液的配制与标定

任务	任务目标	技能要素
高氯酸标准溶液的配制	掌握非水溶液的配制方法	溶质 $HClO_4$、溶剂 HAc、醋酐用量的计算 刻度吸管、量筒操作
标准 $HClO_4$ 溶液的标定	掌握用基准物质邻苯二甲酸氢钾对 $HClO_4$ 溶液的标定方法	恒温干燥箱的使用 恒重的要求 分析天平的差减法称量操作 酸式滴定管的正确使用 滴定正确操作 终点颜色判断

仪器试剂

仪器:酸式滴定管(10mL)、锥形瓶(50mL)、分析天平(0.0001g)、量筒、烧杯、刻度吸管(吸量管)、玻璃棒。

试剂:结晶紫指示剂、基准邻苯二甲酸氢钾、分析纯高氯酸、冰醋酸、醋酐。

实训内容

【知识点】

反应原理:$HClO_4 + KHC_8H_4O_4 \rightarrow H_2C_8H_4O_4 + KClO_4$

【能力点】

1. 巩固分析天平差减法称量技术。
2. 学习 $HClO_4$ 标准溶液的配制与标定方法。
3. 掌握滴定终点判断及半滴加入操作技术。
4. 掌握非水滴定中,无水的概念。

工作过程

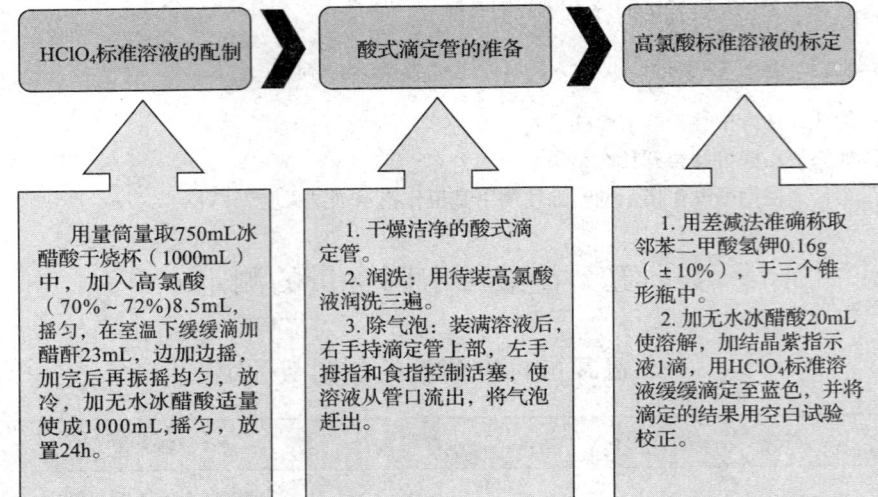

数据记录与结果处理

项目	1号	2号	3号
$KHC_8H_4O_4$ + 称量瓶质量/g			
瓶 + 剩余 $KHC_8H_4O_4$ 质量/g			
$KHC_8H_4O_4$ 质量/g			
滴定管初始读数/mL			
滴定管终点读数/mL			
消耗 $HClO_4$ 体积 V/mL			
消耗 $HClO_4$ 平均体积 V/mL			
$HClO_4$ 平均浓度 c_B/(mol/L)			

$HClO_4$ 浓度的计算：

$$c_{HClO_4}\ (mol/L) = \frac{m \times 1000 \times c}{VT} = \frac{m \times 1000 \times 0.1}{V \times 20.42}$$

式中，m——参与标定的基准物 $KHC_8H_4O_4$ 的质量，g

　　　c——被标定滴定液高氯酸的名义浓度，$c = 0.1\ mol/L$

　　　V——消耗的滴定液高氯酸体积，mL

　　　T——滴定度，$T = 20.42\ mg/mL$，即每 1 mL 高氯酸滴定液（0.1 mol/L）
　　　　　相当于 20.42 mg 的邻苯二甲酸氢钾

二、盐酸可卡因含量测定

任务	任务目标	技能要素
盐酸可卡因的准确称量	盐酸可卡因溶解	定量溶解完全的概念
盐酸可卡因的含量测定	准确测定称取的每份样品中含有待测成分的含量	滴定正确操作 终点颜色判断

仪器试剂

仪器：酸式滴定管（10mL）、锥形瓶（50mL）。

试剂：盐酸可卡因、冰醋酸、结晶紫指示剂、醋酸汞试液、高氯酸标准滴定液。

实训内容

【知识点】

反应原理：$HClO_4 + C_{17}H_{21}O_4N \cdot HCl \rightarrow ClO_4^- + C_{17}H_{21}O_4NH^+ \cdot HCl$

【能力点】

巩固酸式滴定管与锥形瓶的正确配套使用技能。

工作过程

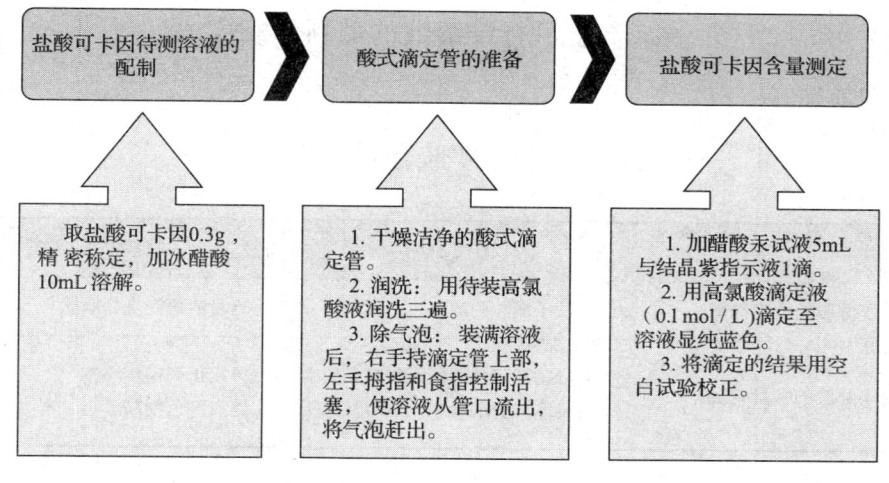

数据记录与结果处理

项目	1号	2号	3号	空白1号	空白2号
滴定管初始读数/mL					
滴定管终点读数/mL					
消耗 $KClO_4$ 体积 V/mL					
扣除空白后消耗 $KClO_4$ 的体积 V/mL				空白平均值：	
盐酸可卡因含量 ω/%				含量平均值：	

盐酸可卡因含量

$$\omega(\%) = \frac{VFT}{m \times 1000} \times 100\%$$

式中　m——参与滴定的样品盐酸可卡因的质量，g

　　　F——校正系数，$F = \dfrac{\text{滴定液标定的浓度}}{\text{滴定液的名义浓度}}$

　　　V——消耗高氯酸滴定液的体积，mL

　　　T——滴定度，$T = 33.98\text{mg/mL}$，即每 1mL 高氯酸滴定液（0.1mol/L）相当于 33.98mg 的盐酸可卡因

思考题

1. 为什么要加入醋酸汞试液？
2. 为什么做空白试验？

实训六　沙丁醇胺含量的测定

一、高氯酸标准溶液的配制与标定

见实训五。

二、沙丁醇胺含量测定

任务	任务目标	技能要素
沙丁醇胺的准确称量	沙丁醇胺的溶解	定量溶解完全的概念
沙丁醇胺的含量测定	准确测定称取的每份样品中含有待测成分的含量	滴定正确操作 终点颜色判断

仪器试剂

仪器：酸式滴定管（10mL）、锥形瓶（50mL）。

试剂：沙丁醇胺、冰醋酸、结晶紫指示剂、高氯酸滴定液。

实训内容

【知识点】

高氯酸滴定沙丁醇胺的反应原理：

$$HClO_4 + C_{13}H_{21}O_3N \cdot HCl \rightarrow ClO_4^- + C_{13}H_{21}O_3NH^+ \cdot HCl$$

【能力点】
1. 巩固酸式滴定管与锥形瓶的正确配套使用技能。
2. 10mL 滴定管的读数。

工作过程

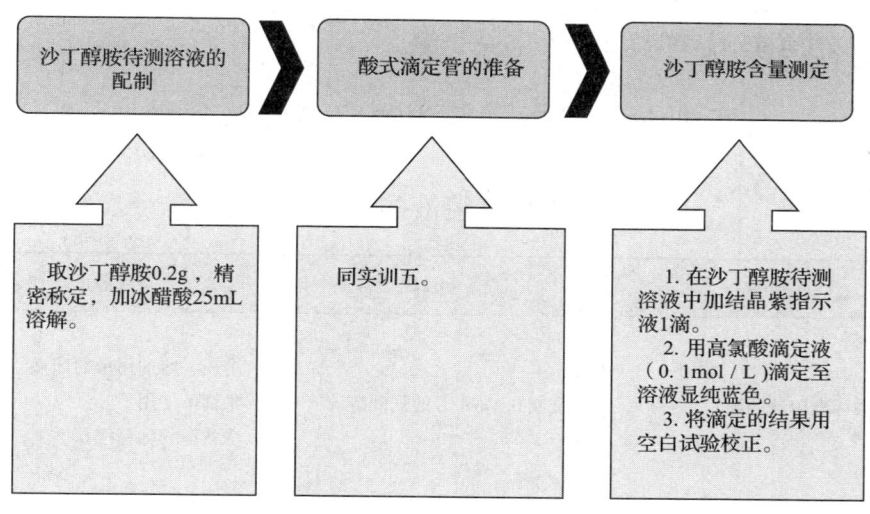

数据记录与结果处理

项目	1号	2号	3号	空白1号	空白2号
滴定管初始读数/mL					
滴定管终点读数/mL					
消耗 $KClO_4$ 体积 V/mL					
扣除空白后消耗 $KClO_4$ 的体积 V/mL				空白平均值：	
沙丁醇胺含量/g				含量平均值：	

沙丁醇胺含量：

$$\omega(\%) = \frac{VFT}{m \times 1000} \times 100\%$$

式中　m——参与滴定的样品沙丁醇胺的质量，g

　　　F——校正系数，$F = \dfrac{\text{滴定液标定的浓度}}{\text{滴定液的名义浓度}}$

　　　V——消耗高氯酸滴定液的体积，mL

T——滴定度,$T = 23.93\text{mg/mL}$,即每 1mL 高氯酸滴定液(0.1mol/L)相当于 23.93mg 的沙丁醇胺

思考题
1. 加入冰醋酸的作用是什么?
2. 为什么做空白试验?

实训七 双指示剂法测定混合碱含量

一、盐酸标准溶液的配制与标定

任务	任务目标	技能要素
盐酸标准溶液的配制	配制 0.1mol/L 的盐酸溶液	溶质、溶剂用量的计算 量筒的使用 浓盐酸的稀释操作
盐酸标准溶液的标定	掌握用基准物质无水碳酸钠标定盐酸的方法	分析天平的差减法称量操作 酸式滴定管的准备 酸式滴定管的正确操作 终点颜色判断

仪器试剂
仪器:酸式滴定管、锥形瓶、分析天平、量筒。
试剂:浓盐酸、甲基橙、无水碳酸钠基准试剂。
实训内容
【知识点】
反应原理:$2HCl + Na_2CO_3 \rightarrow 2NaCl + CO_2 + H_2O$
【能力点】
1. 巩固分析天平的差减法称量操作。
2. 学习盐酸标准溶液的配制与标定方法。
3. 掌握酸式滴定管的使用。
4. 掌握滴定液一滴加入和半滴加入的操作。

工作过程

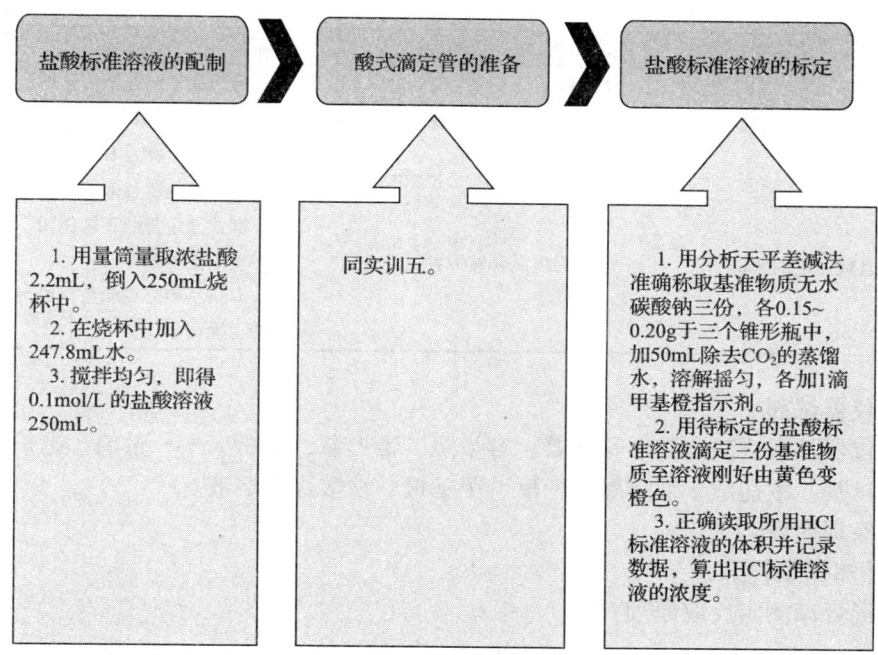

数据记录与结果处理

项目	1号	2号	3号
无水 Na_2CO_3 + 称量瓶质量/g			
称量瓶 + 剩余无水 Na_2CO_3 质量/g			
无水 Na_2CO_3 质量/g			
盐酸滴定初始读数/mL			
盐酸滴定终点读数/mL			
消耗盐酸体积 V/mL			
消耗盐酸平均体积 V/mL			
盐酸浓度 c/（mol/L）			

盐酸标准溶液的浓度：

$$c_{HCl} = \frac{2m_{Na_2CO_3}}{V_{HCl}M_{Na_2CO_3}} \times 1000$$

二、双指示剂法测定混合碱含量

任务	任务目标	技能要素
混合碱样品溶液的准备	将样品混合碱配成待测溶液	分析天平的差减法称量 容量瓶的定容 蒸馏水去除 CO_2 的操作
混合碱含量的测定	测出混合碱中各组分含量	溶液的准确移取 酸式滴定管的正确使用 滴定正确操作 双指示剂终点颜色判断与数据的正确记录

仪器试剂

仪器：酸式滴定管、移液管、容量瓶、锥形瓶、分析天平、量筒、电炉。
试剂：浓盐酸、混合碱、酚酞、甲基橙、盐酸标准溶液。

实训内容

【知识点】

混合碱测定反应原理：

$$HCl + NaOH \rightarrow NaCl + H_2O$$

$$HCl + Na_2CO_3 \rightarrow NaHCO_3 + NaCl$$

$$HCl + NaHCO_3 \rightarrow NaCl + CO_2 + H_2O$$

【能力点】

1. 巩固分析天平差减法称量操作。
2. 掌握混合碱样品的处理方法。
3. 掌握酸式滴定管的正确使用。
4. 掌握双指示剂法的运用与滴定终点判断。

工作过程

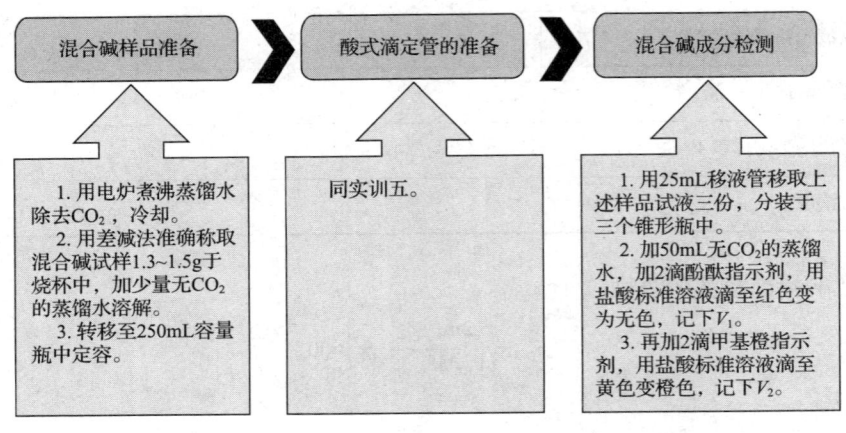

数据记录与结果处理

称取混合碱的质量 m/g			
移取混合碱的体积/mL	25	25	25
滴定管初读数/mL			
第一终点读数/mL			
V_1/mL			
第二终点读数/mL			
V_2/mL			
平均 V_1/mL			
平均 V_2/mL			
ω_{NaOH}			
$\omega_{\text{Na}_2\text{CO}_3}$			

$$\omega_{\text{Na}_2\text{CO}_3} = \frac{c_{\text{HCl}} V_2 M_{\text{Na}_2\text{CO}_3}}{1000m} \times 100\%$$

$$\omega_{\text{NaOH}} = \frac{c_{\text{HCl}}(V_1 - V_2) M_{\text{NaOH}}}{1000m} \times 100\%$$

思考题

1. 滴定管没用标准溶液润洗，对测定结果会有什么影响？
2. 滴定前为什么要将溶液液面调节在零刻度附近？
3. 为什么近终点时，要充分摇动？
4. 用双指示剂法测定混合碱组成的方法原理是什么？
5. 采用双指示剂法测定混合碱，判断下列五种情况下，混合碱的组成？
(1) $V_1 = 0$, $V_2 > 0$；(2) $V_1 > 0$, $V_2 = 0$；(3) $V_1 > V_2$；(4) $V_1 < V_2$；(5) $V_1 = V_2$。
6. 什么是混合碱？Na_2CO_3 和 $NaHCO_3$ 的混合物能不能采用双指示剂法测定其含量？测定结果的计算公式如何表示？

实训八　酸度计测自来水的 pH

一、酸度计的准备

任务	任务目标	技能要素
标准缓冲溶液的配制	掌握溶液的配制方法	分析天平的称量操作 容量瓶的使用 溶液的配制
酸度计的准备	熟练掌握酸度计的准备工作	酸度计的安装 酸度计的清洗 酸度计的开机预热

仪器试剂

仪器：pHS-3c 型酸度计、221 型玻璃电极、222 型饱和甘汞电极、50mL 塑料烧杯 4 只。

试剂：邻苯二甲酸氢钾（$KHC_8H_4O_4$）标准缓冲溶液（pH=4.00，25℃）、磷酸二氢钾-磷酸氢二钠（$KH_2PO_4-Na_2HPO_4$）标准缓冲溶液（pH=6.86，25℃）、硼酸钠（$Na_2B_4O_7 \cdot 10H_2O$）标准缓冲溶液（pH=9.18，25℃）。

实训内容

【知识点】

1. 掌握酸度计的基本结构。
2. 了解酸度计使用的注意事项。

【能力点】

1. 学会标准缓冲溶液的配制方法。
2. 熟悉酸度计使用前的准备工作。

工作过程

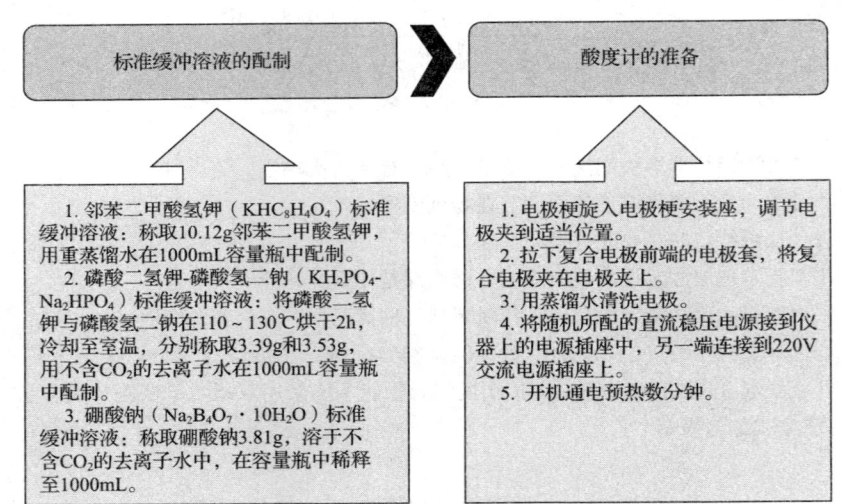

二、自来水 pH 的测定

任务	任务目标	技能要素
自来水 pH 的测定	掌握电位法测定溶液 pH 的原理和方法	酸度计的正确使用

仪器试剂

仪器：pHS-3c 型酸度计、221 型玻璃电极、222 型饱和甘汞电极、50mL 塑料烧杯 4 只。

试剂：邻苯二甲酸氢钾（$KHC_8H_4O_4$）标准缓冲溶液（pH=4.00，25℃）、磷酸二氢钾-磷酸氢二钠（$KH_2PO_4-Na_2HPO_4$）标准缓冲溶液（pH=6.86，25℃）、硼酸钠（$Na_2B_4O_7 \cdot 10H_2O$）标准缓冲溶液（pH=9.18，25℃）。

实训内容

【知识点】

常用的酸度计由氢离子敏感的电极——pH玻璃电极（指示电极）和饱和甘汞电极（参比电极）、电位计等组成。现已广泛使用将指示电极与参与电极组合为一体的复合电极。

测定pH时选择适宜的对氢离子敏感的电极与参比电极组成电池。基于由溶液与电极组成的电池的电动势与pH的关系：

$$pH = pH_S + (E - E_s)/0.059$$

E与E_s分别为电池中含有供试液与标准液时测得的电动势，pH_S为标准液的已知pH。在25℃时，电池电动势每变化0.059V相当于pH变化1个单位。

pH测定法各国药典均有收载。除另有规定外，水溶液的pH应以玻璃电极为指示电极、饱和甘汞电极为参比电极的不低于0.01级的酸度计进行测定。

【能力点】

1. 掌握电位法测定溶液pH的原理及方法。
2. 熟悉酸度计的操作步骤。

工作过程

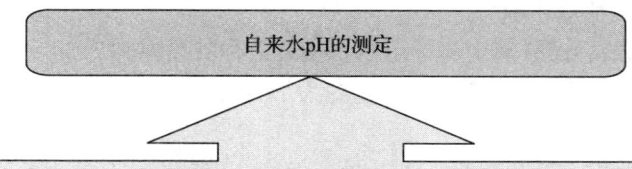

数据记录

记录自来水的pH。

思考题

1. 用酸度计测定pH时，为什么必须用标准缓冲溶液校正仪器？校正时应注意什么？

2. 为什么定位时应选用与被测液 pH 接近的标准缓冲溶液？
3. 温度补偿的作用是什么？

实训九　直接滴定法测还原性糖含量

一、样　品　处　理

任务	任务目标	技能要素
乳粉预处理	去除乳粉中的蛋白质，转移还原性糖至水溶液中	称量、过滤、定容操作

仪器试剂

仪器：移液管（5mL）、容量瓶（500mL）、分析天平（0.0001g）、干燥滤纸、漏斗、烧杯（100mL、250mL、400mL）、量筒、玻璃棒。

试剂：乳粉、醋酸锌溶液、亚铁氰化钾溶液。

实训内容

【知识点】

1. 醋酸锌及亚铁氰化钾作为蛋白质沉淀剂，这两种试剂混合形成白色的氰亚铁酸锌沉淀，能使溶液中的蛋白质共同沉淀下来，主要用于乳制品及富含蛋白质的浅色糖液，其澄清效果较好。

2. 考虑到最后试样滴定与标定体积接近，称乳粉样为 2.50～2.60g，最后定容至 500mL，滴定体积约为 10mL，标定约为 10.30mL。

【能力点】

1. 巩固分析天平差减法称量技术。
2. 熟练过滤、定容操作技术。

【工作过程】

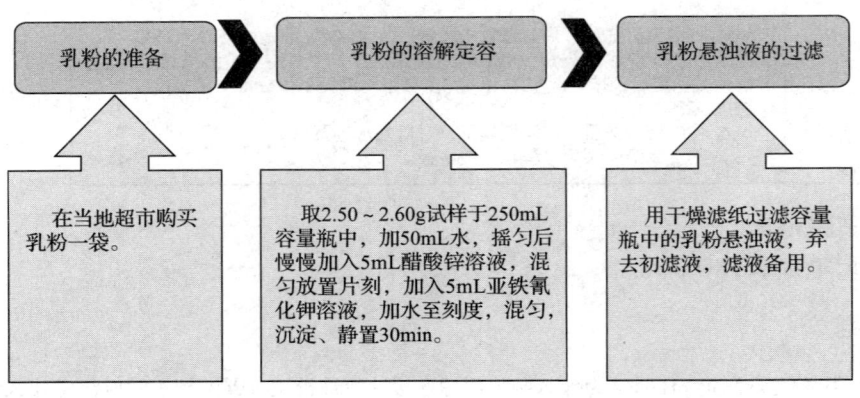

二、葡萄糖标准溶液的配制

任务	任务目标	技能要素
葡萄糖标准溶液的配制	掌握一般溶液的配制方法	1. 分析天平的差减法称量操作 2. 移液管与容量瓶的正确搭配与使用技能

仪器试剂

仪器：分析天平、量筒（10mL）、容量瓶（1000mL）、烧杯（100mL）、玻璃棒。
试剂：葡萄糖、盐酸。

实训内容

【知识点】

配制葡萄糖标准溶液需要一定量盐酸，以防止其水解。

【能力点】

1. 巩固分析天平的正确使用技能。
2. 掌握容量瓶的使用技能。

【工作过程】

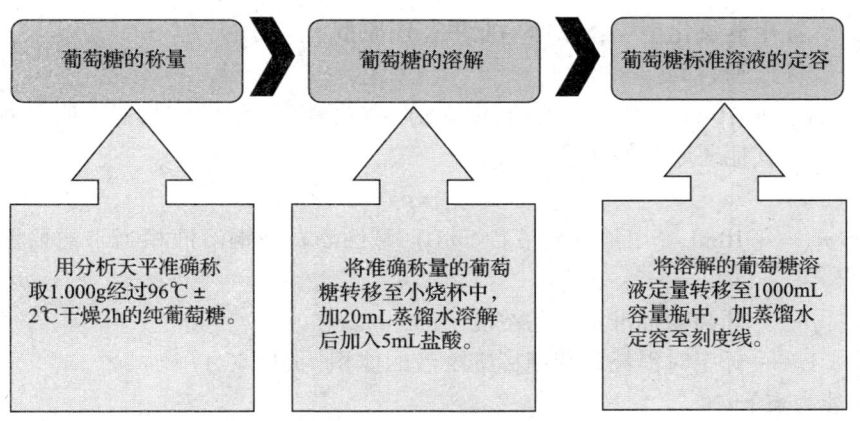

三、斐林试液的配制与标定

任务	任务目标	技能要素
斐林试液的配制	掌握一般溶液的配制方法	溶质、溶剂用量的计算 托盘天平的称量 操作量筒的使用

续表

任务	任务目标	技能要素
斐林试液的标定	掌握用葡萄糖标准溶液标定斐林试剂的方法	酸式滴定管的正确使用 移液管的正确操作 滴定正确操作 终点颜色判断

仪器试剂

仪器：酸式滴定管（25mL）、移液管（5mL）、容量瓶（100mL）、锥形瓶（250mL）、托盘天平（0.1g）、烧杯（100mL）、量筒、玻璃棒。

试剂：葡萄糖标准溶液、硫酸铜、次甲基蓝、氢氧化钠、酒石酸钾钠、亚铁氰化钾。

实训内容

【知识点】

1. 反应原理

$$2Cu(OH)_2 + C_6H_{12}O_6 \rightarrow CH_2OH(CHOH)_4COOH + Cu_2O\downarrow + 2H_2O$$

亚甲蓝氧化型 + 还原糖 → 亚甲蓝还原型
（蓝色）　　　　　　　　　　（无色）

2. 计算每10mL（甲液、乙液各5mL）碱性酒石酸铜溶液相当于葡萄糖的质量或相当于其他还原糖的质量（mg）。

$$m_A = \rho V$$

式中　m_A——10mL（甲液、乙液各5mL）碱性酒石酸铜溶液相当于葡萄糖的质量，mg

ρ——葡萄糖标准溶液的浓度，mg/mL

V——标定时消耗葡萄糖标准溶液的体积，mL

【能力点】

1. 学习斐林试液标准溶液的配制与标定方法。
2. 掌握滴定终点的判断操作技术。

【工作过程】

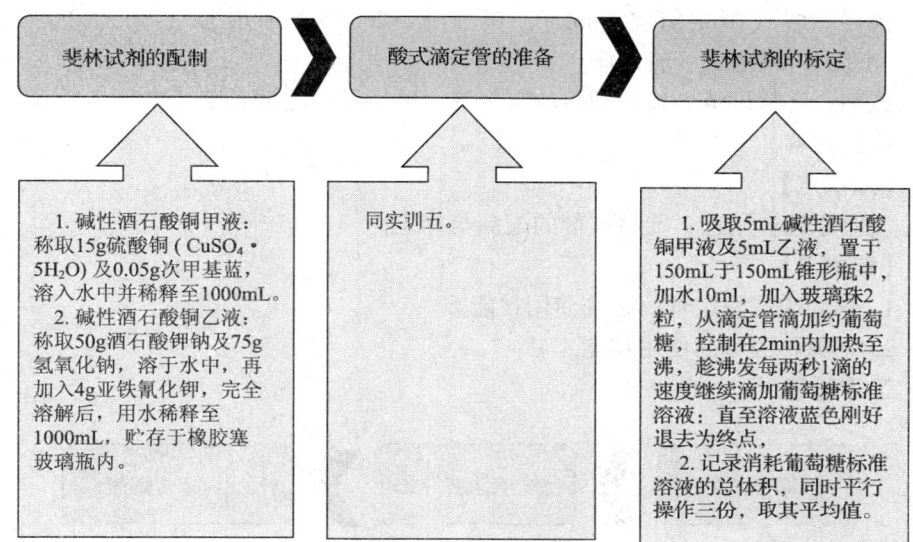

数据记录与结果处理

项目	1号	2号	3号
滴定管初始读数/mL			
滴定管终点读数/mL			
消耗葡萄糖标准溶液的总体积 V/mL			
消耗葡萄糖标准溶液的平均体积 V/mL			
每10mL斐林试剂相当的葡萄糖的质量/mg			

四、乳粉中还原性糖的测定

任务	任务目标	技能要素
乳粉中还原性糖的预测	了解试液浓度是否合适 了解试液对斐林试剂的大约消耗量	溶液的准确移取 酸式滴定管的正确使用 滴定正确操作 终点颜色判断
乳粉中还原性糖的测定	通过斐林试液消耗量计算乳粉中还原性糖的含量	溶液的准确移取 酸式滴定管的正确使用 滴定正确操作 终点颜色判断

仪器试剂

仪器：酸式滴定管（50mL）、移液管（5mL）、锥形瓶（250mL）、量筒（100mL）、可调电炉、玻璃珠。

试剂：乳粉试液、碱性酒石酸铜甲液、碱性酒石酸铜乙液。

实训内容

【知识点】

反应原理：同三、斐林试剂的配制与标定。

【能力点】

1. 巩固酸式滴定管的正确使用技能。
2. 掌握移液管的使用技能。

工作过程

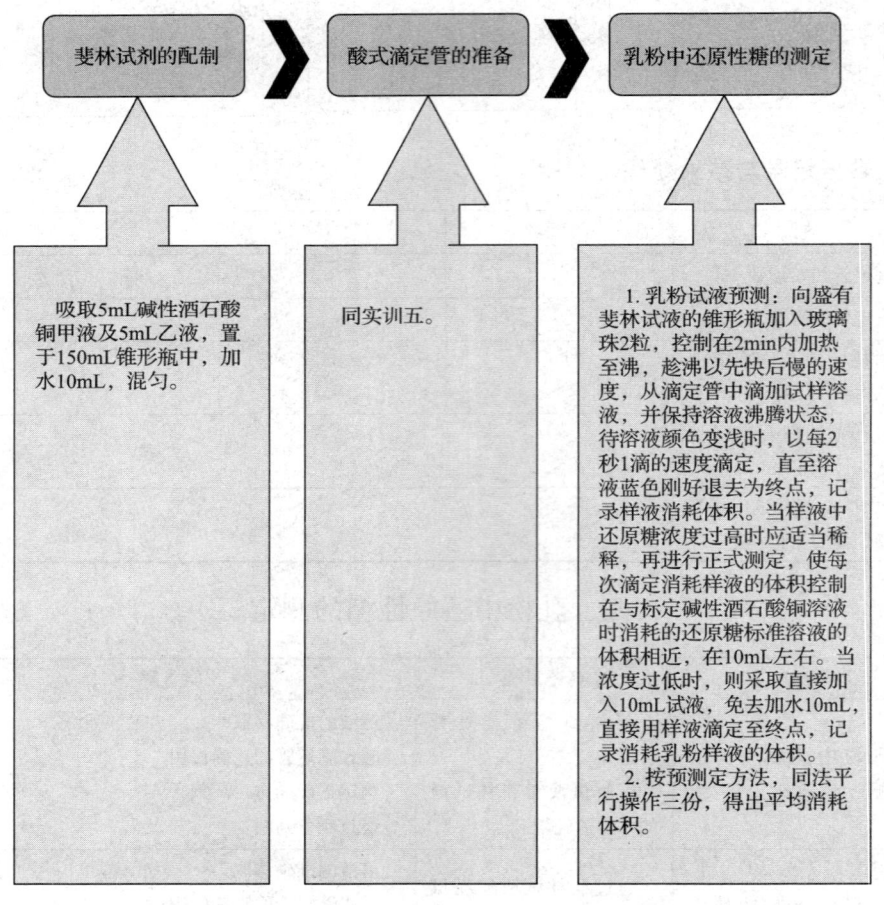

斐林试剂的配制 → 酸式滴定管的准备 → 乳粉中还原性糖的测定

吸取5mL碱性酒石酸铜甲液及5mL乙液，置于150mL锥形瓶中，加水10mL，混匀。

同实训五。

1. 乳粉试液预测：向盛有斐林试液的锥形瓶加入玻璃珠2粒，控制在2min内加热至沸，趁沸以先快后慢的速度，从滴定管中滴加试样溶液，并保持溶液沸腾状态，待溶液颜色变浅时，以每2秒1滴的速度滴定，直至溶液蓝色刚好退去为终点，记录样液消耗体积。当样液中还原糖浓度过高时应当稀释，再进行正式测定，使每次滴定消耗样液的体积控制在与标定碱性酒石酸铜溶液时消耗的还原糖标准溶液的体积相近，在10mL左右。当浓度过低时，则采取直接加入10mL试液，免去加水10mL，直接用样液滴定至终点，记录消耗乳粉样液的体积。

2. 按预测定方法，同法平行操作三份，得出平均消耗体积。

数据记录与结果处理

项目	1号	2号	3号
滴定管初始读数/mL			
滴定管终点读数/mL			
乳粉试液体积 V/mL			
乳粉试液平均体积 V/mL			
还原性糖含量 ω/%			

试样中还原糖（以葡萄糖计）的含量为：

$$\omega = \frac{m_A}{m \times V/V_0 \times 1000} \times 100\%$$

式中　ω——试样中还原糖（以葡萄糖计）的含量,%

　　　m_A——10 mL 碱性酒石酸铜溶液（甲液、乙液各 5 mL）相当于葡萄糖的质量，mg

　　　m——试样质量，g

　　　V——测定时平均消耗试样溶液的体积，mL

　　　V_0——试样液总体积，mL

思考题

1. 当滴定结束后，溶液放置一定时间，颜色会发生什么变化？
2. 为什么在整个滴定过程中要保持溶液一直呈沸腾状态？

实训十　维生素 C 含量测定

一、I_2 标准溶液的配制与标定

任务	任务目标	技能要素
I_2 标准溶液的配制	掌握溶液配制的方法	溶质、溶剂用量的计算 托盘天平的称量操作 量筒的使用 溶液的配制
I_2 标准溶液的标定	掌握用 $Na_2S_2O_3$ 标准溶液（0.1mol/L）对 I_2 标准溶液的标定方法	酸式滴定管的正确使用 移液管的正确操作 终点颜色判断

仪器试剂

仪器：酸式滴定管（棕色）（50mL）、移液管（25mL）、锥形瓶（250mL）、托盘天平（0.1g）、烧杯、量筒、玻璃棒。

试剂：I_2（AR），KI（AR），淀粉指示液，$Na_2S_2O_3$ 标准溶液（0.1mol/L），4mol/L HCl 溶液。

实训内容

【知识点】

I_2 在水中的溶解度很小（0.0002g/mL），而且容易挥发，在有大量 KI 存在时，I_2 与 I^- 形成可溶性 I_3^- 配合离子，这样既增大了 I_2 的溶解度，又降低了 I_2 的挥发性。

纯碘因具有挥发性和腐蚀性，不宜用分析天平准确称量，通常仍采用间接法配制成近似浓度的待标液，然后用 $Na_2S_2O_3$ 标准溶液（0.1mol/L）进行标定。

反应原理：$I_2 + 2S_2O_3^{2-} \rightarrow 2I^- + S_4O_6^{2-}$

【能力点】

1. 掌握直接碘量法的操作过程。
2. 了解碘标准溶液配制的方法和注意事项。

工作过程

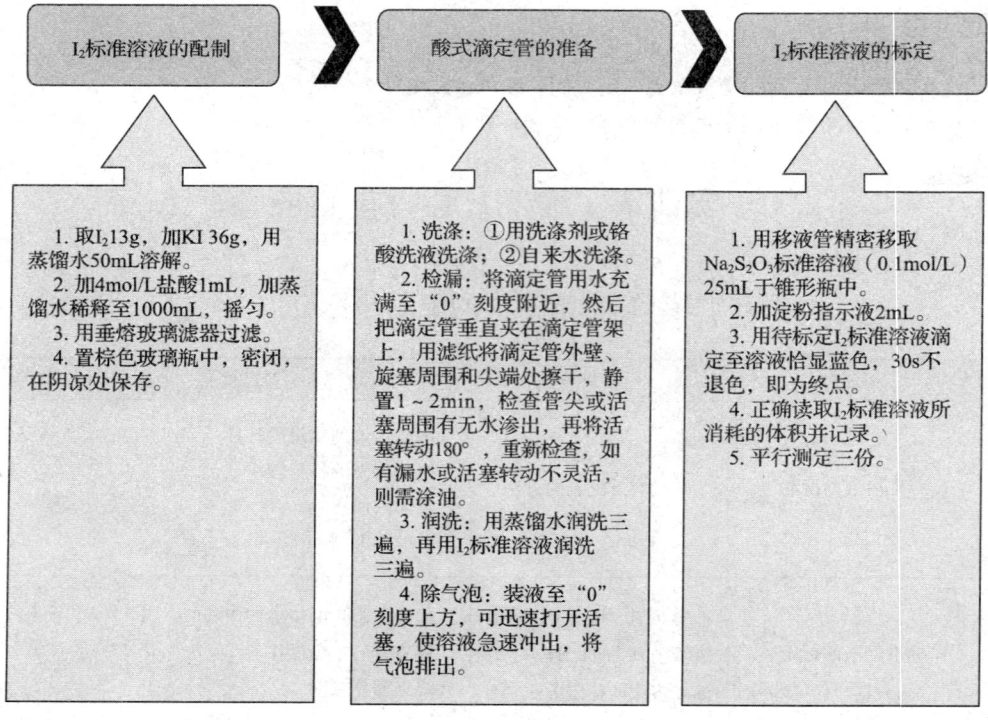

数据记录与结果处理

项目		1号	2号	3号
移取 $Na_2S_2O_3$ 标准溶液的体积 $V_{Na_2S_2O_3}$/mL				
滴定时消耗 I_2 标准溶液的体积 V_{I_2}/mL	$V_{起始}$			
	$V_{终了}$			
	$V_{I_2} = V_{终了} - V_{起始}$			
c_{I_2}/(mol/L)				
c_{I_2} 的平均值/(mol/L)				
相对平均偏差/%				

I_2 标准溶液浓度的计算：

$$c_{I_2} = \frac{c_{Na_2S_2O_3} V_{Na_2S_2O_3}}{2V_{I_2}}$$

二、维生素 C 含量测定

任务	任务目标	技能要素
维生素 C 含量测定	准确测得维生素 C 含量	分析天平的准确使用 酸式滴定管的正确使用 滴定正确操作 终点颜色判断

仪器试剂

仪器：分析天平、酸式滴定管（50mL）、锥形瓶（250mL）、量筒（10mL、100mL）。

试剂：维生素 C（$C_6H_8O_6$），稀 HAc，淀粉指示液，I_2 标准溶液（0.05mol/L）。

实训内容

【知识点】

反应原理：

【能力点】

1. 巩固酸式滴定管和分析天平的正确使用。
2. 学会利用直接碘量法测定维生素C含量的基本方法。

工作过程

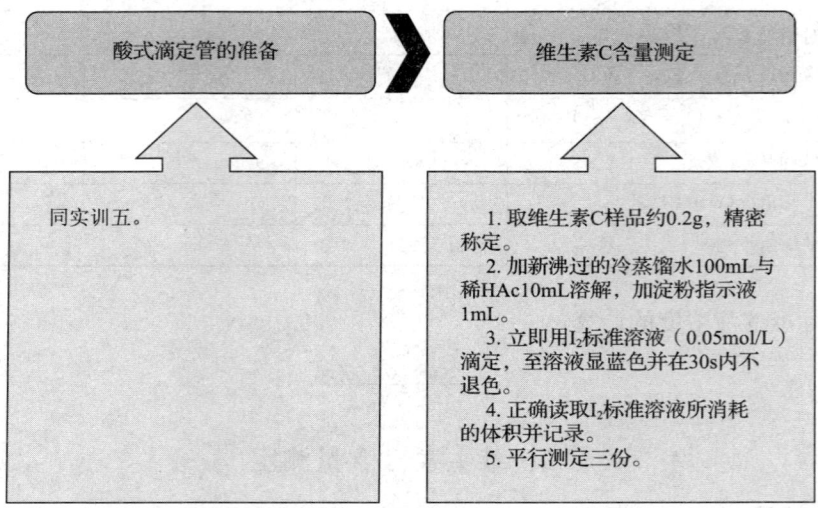

数据记录与结果处理

	项目	1号	2号	3号
称取样品的质量 m/g	m_1			
	m_2			
	$m = m_1 - m_2$			
滴定时消耗I_2标准溶液的体积 V_{I_2}/mL	$V_{起始}$			
	$V_{终了}$			
	$V = V_{终了} - V_{起始}$			
$\omega_{C_6H_8O_6}$/%				
相对平均偏差/%				

维生素C的质量分数：

$$\omega_{C_6H_8O_6} = \frac{C_{I_2} V_{I_2} M_{C_6H_8O_6}}{m} \times 100\%$$

思考题

1. 实验用水为什么使用新沸过的冷蒸馏水？
2. 实验中为什么加入稀醋酸？

实训十一　果酒中总 SO_2 含量测定

一、I_2 标准溶液的配制与标定

见实训十中 I_2 标准溶液的配制与标定。

二、果酒中 SO_2 的测定

任务	任务目标	技能要素
果酒测定液的准备	样品的准确量取	移液管的正确使用技能
果酒中 SO_2 含量的测定	准确测得果酒中 SO_2 含量	溶液的准确移取 酸式滴定管的正确使用 滴定正确操作终点颜色判断

仪器试剂

仪器：酸式滴定管（50mL）、移液管（50mL）、容量瓶（250mL）、碘量瓶（250mL）、烧杯（100mL、250mL、400mL）、玻璃棒。

试剂：果酒、淀粉指示液、碘标准溶液（0.02mol/L）、10mL硫酸溶液（1+3）。

实训内容

【知识点】

滴定反应原理：$I_2 + SO_2 + H_2O \rightarrow 2I^- + SO_4^{2-} + 4H^+$

【能力点】

1. 巩固酸式滴定管的正确使用技能。
2. 掌握移液管与容量瓶的搭配使用技能。
3. 熟练直接碘量法滴定终点的判断。

工作过程

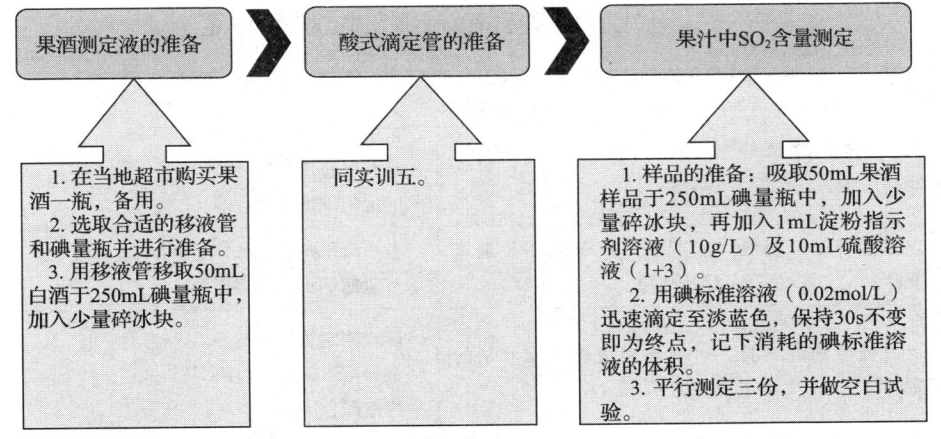

数据记录与结果处理

项目	空白	1号	2号	3号
滴定管初始读数/mL				
滴定管终点读数/mL				
消耗碘标准溶液的体积 V/mL				
消耗碘标准溶液的平均体积 V/mL				
果酒中 SO_2 含量/%				

游离二氧化硫的含量（以 mg/L 表示）：

$$\rho = \frac{c_{I_2} \times (V - V_0) \times 32}{50} \times 1000$$

式中　ρ——样品中游离二氧化硫的含量，mg/L

c——碘标准溶液的浓度，mol/L

V——样品测定时消耗碘标准溶液的体积，mL

V_0——空白试验消耗碘标准溶液的体积，mL

32——$\frac{1}{2}SO_2$ 摩尔质量，g/mol

50——取样体积，mL

思考题

1. 影响果酒中二氧化硫含量测定准确度的因素有哪些？
2. 实验结果比实际结果偏高还是偏低？为什么？

实训十二　食盐中碘含量测定

一、硫代硫酸钠标准溶液的配制与标定

任务	任务目标	技能要素
硫代硫酸钠溶液的配制	配制 0.02mol/L $Na_2S_2O_3$ 溶液	溶质、溶剂用量的计算 台秤、量筒的使用技能 一般溶液的配制技能
重铬酸钾基准溶液的配制	配制 0.00080mol/L 重铬酸钾溶液	分析天平的差减法称量操作 容量瓶的正确定容操作
硫代硫酸钠溶液的标定	准确标定硫代硫酸钠的浓度	碱式滴定管使用技能 淀粉指示剂加入时机 终点颜色决断

仪器试剂

仪器：碱式滴定管、台秤、电子天平、称量瓶、容量瓶、移液管、量筒等。

试剂：硫代硫酸钠、重铬酸钾、碘化钾、淀粉、盐酸等。

实训内容

【知识点】

标定原理：$Cr_2O_7^{2-} + 6I^- + 14H^+ \rightarrow 2Cr^{3+} + 3I_2 + 7H_2O$

$I_2 + 2S_2O_3^{2-} \rightarrow 2I^- + S_4O_6^{2-}$

【能力点】

1. 巩固碱式滴定管、称量、移液、滴定等基本操作。
2. 掌握淀粉指示剂的加入时机。
3. 掌握间接碘量法终点颜色的判断。

工作过程

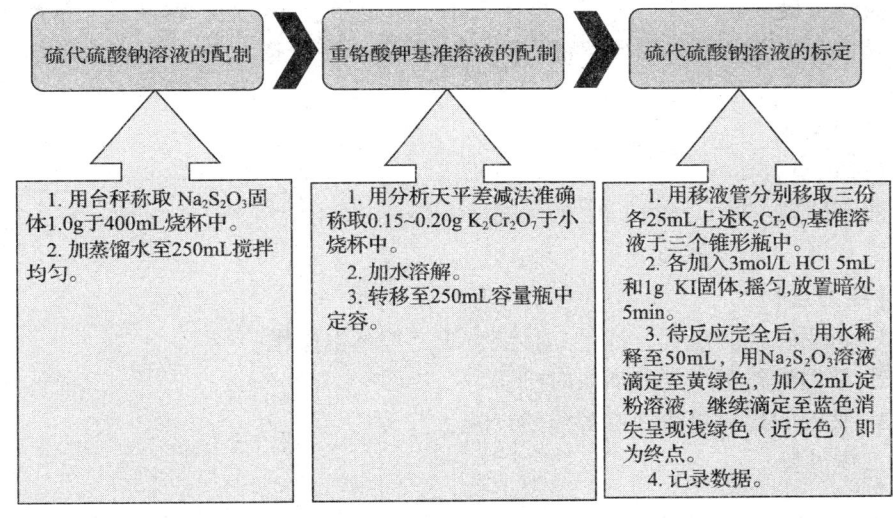

数据记录与结果处理

项目	1号	2号	3号
$K_2Cr_2O_7$ 质量 m/g			
$K_2Cr_2O_7$ 体积 V/mL	25	25	25
消耗 $Na_2S_2O_3$ 体积 V/mL			
$Na_2S_2O_3$ 浓度 $c_{Na_2S_2O_3}/(mol/L)$			
$Na_2S_2O_3$ 平均浓度 $c_{Na_2S_2O_3}/(mol/L)$			

硫代硫酸钠的浓度：

$$c_{Na_2S_2O_3} = \frac{6m_{K_2Cr_2O_7}}{V_{Na_2S_2O_3} M_{K_2Cr_2O_7}} \times \frac{25}{250}$$

二、食盐中碘含量测定

任务	任务目标	技能要素
食盐样品溶液的准备	将样品食盐配成待测溶液	分析天平差减法称量容量瓶的定容
食盐碘含量的测定	测出食盐中碘的含量	溶液的准确移取 碱式滴定管的正确使用 间接碘量法中指示剂的加入时机及终点颜色判断

仪器试剂

仪器：碱式滴定管、台秤、电子天平、称量瓶、容量瓶、移液管、量筒等。

试剂：硫代硫酸钠标准溶液、5% KI 溶液、淀粉指示剂、1mol/L 硫酸、食盐等。

实训内容

【知识点】

测定原理：$KIO_3 + 5KI + 3H_2SO_4 \rightarrow 3K_2SO_4 + 3I_2 + 3H_2O$

$I_2 + 2S_2O_3^{2-} \rightarrow 2I^- + S_4O_6^{2-}$

【能力点】

1. 巩固碱式滴定管、称量、移液、滴定等基本操作。
2. 掌握淀粉指示剂的加入时机。
3. 掌握间接碘量法终点颜色的判断。

工作过程

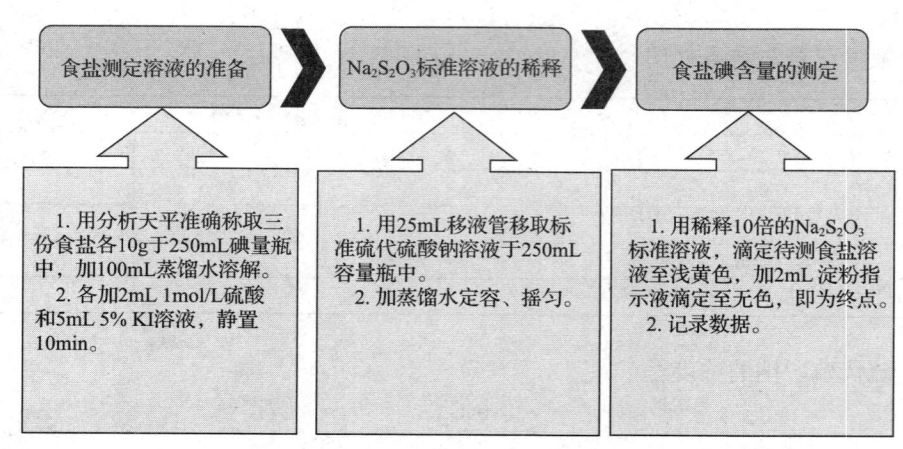

数据记录与结果处理

项目	1号	2号	3号
食盐质量 m/g			
消耗 $Na_2S_2O_3$ 的体积 V/mL			
碘含量 w_1/（mg/kg）			
碘的平均含量 w_1/（mg/kg）			
相对平均偏差/%			
平均偏差/%			

食盐中碘含量的计算：

$$w_1 = \frac{c_{Na_2S_2O_3} V_{Na_2S_2O_3} m_1}{6m \times 1000} \times 100\%$$

思考题

1. 间接碘量法应用过程中，应注意的滴定条件是什么？
2. 用重铬酸钾标定硫代硫酸钠时，应注意的三点是什么？
3. 淀粉指示剂的使用条件？
4. 提高碘量法测定结果准确度的措施有哪些？
5. 直接碘量法和间接碘量法都用淀粉指示剂，滴定终点颜色相同吗？

实训十三　果酒中单宁含量测定

一、样品的处理

任务	任务目标	技能要素
果酒的处理	掌握一般液体的过滤方法	过滤的步骤及注意事项

仪器试剂

仪器：布氏漏斗、滤纸、移液管（10mL）、容量瓶（100mL）、抽滤瓶。

试剂：果酒、蒸馏水。

实训内容

【知识点】

液体的抽滤操作步骤和要点。

【能力点】

巩固液体抽滤操作技术。

工作过程

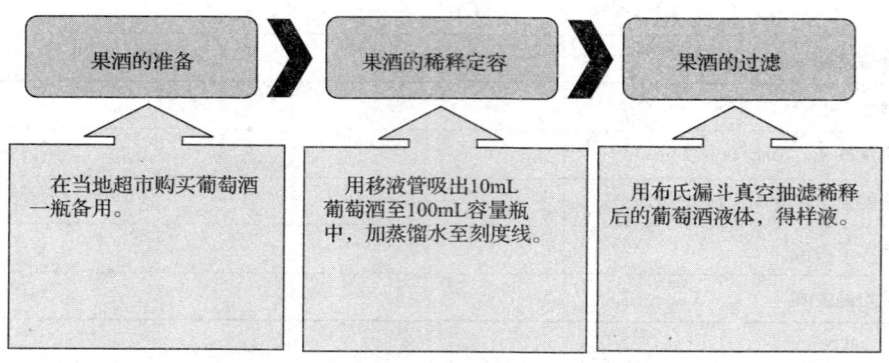

二、高锰酸钾标准溶液的配制与标定

任务	任务目标	技能要素
高锰酸钾标准溶液的配制	掌握高锰酸钾标准溶液的配制方法和保存条件	移液管与容量瓶的正确搭配与使用技能
高锰酸钾标准溶液的标定	掌握用草酸钠基准试剂标定高锰酸钾浓度的原理和方法	分析天平的差减法称量操作酸式滴定管的正确使用 滴定正确操作 终点颜色判断

仪器试剂

仪器：棕色酸式滴定管（50mL）、量筒、锥形瓶（250mL）、烧杯（100mL、150mL、400mL）、可调压电炉、表面皿、砂芯玻璃漏斗、棕色试剂瓶（1000mL）、电子天平（0.0001g）。

试剂：高锰酸钾、草酸钠（工作基准试剂）、硫酸（8+92）。

实训内容

【知识点】

强碱滴定弱酸的反应原理：$2MnO_4^- + 5C_2O_4^{2-} + 16H^+ \rightarrow 2Mn^{2+} + 10CO_2 + 8H_2O$

【能力点】

1. 巩固酸式滴定管的正确使用技能。
2. 滴定终点的判断。

工作过程

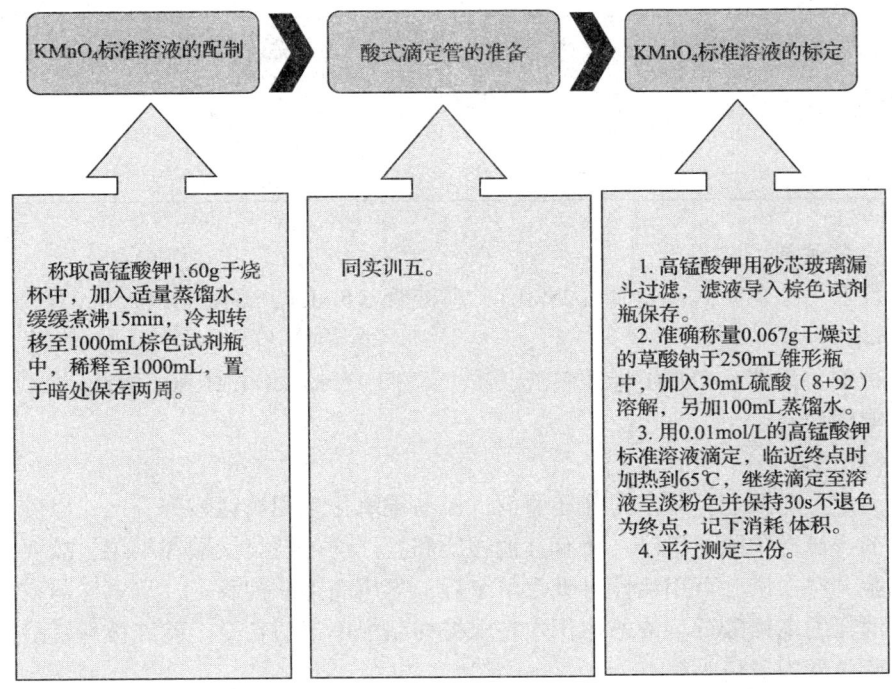

数据记录与结果处理

项目	1号	2号	3号
滴定管初始读数/mL			
滴定管终点读数/mL			
消耗 KMnO₄ 标准溶液的体积 V/mL			
消耗 KMnO₄ 标准溶液的平均体积 V/mL			
c_{KMnO_4}			

$KMnO_4$ 浓度的计算：

$$c_{KMnO_4} = \frac{2m_{Na_2C_2O_4} \times 1000}{5V_{KMnO_4}m_{Na_2C_2O_4}}$$

三、果酒中单宁含量的测定

任务	任务目标	技能要素
果酒中单宁含量的测定	通过 $KMnO_4$ 标准溶液的消耗量计算果酒中单宁的含量	溶液的准确移取 酸式滴定管的正确使用 滴定正确操作 终点颜色判断

仪器试剂

仪器：棕色酸式滴定管（25mL）、移液管（5mL）、锥形瓶（250mL）、量筒（100mL）。

试剂：果酒、$KMnO_4$ 标准溶液、靛红溶液、2.5 mol/L H_2SO_4 溶液。

实训内容

【知识点】

滴定反应原理：单宁为强还原剂，极易被氧化。用高锰酸钾滴定，以靛红为指示剂，试样中除了单宁，还有其他物质和靛红均可被高锰酸钾氧化，故要做空白试验。空白试验可用活性炭吸收单宁后，再用高锰酸钾滴定，从试样与空白溶液所消耗的高锰酸钾溶液的体积之差求得样品中单宁的含量。靛红被高锰酸钾氧化从蓝色变为黄色为终点。

【能力点】

1. 巩固酸式滴定管的正确使用技能。
2. 掌握移液管的使用技能。

工作过程

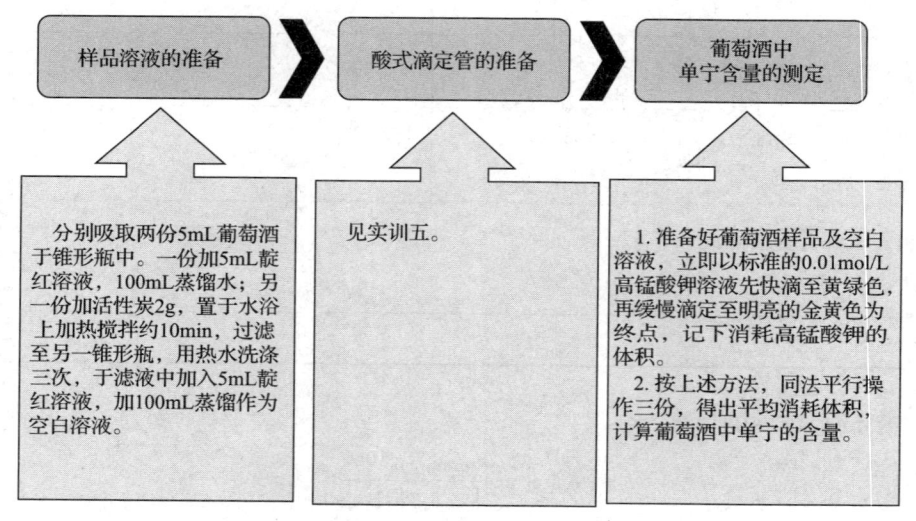

数据记录与结果处理

项目	空白	1号	2号	3号
滴定管初始读数/mL				
滴定管终点读数/mL				
消耗高锰酸钾标准溶液体积 V/mL				
消耗 $KMnO_4$ 标准溶液的平均体积 V/mL				
葡萄酒中单宁的含量				

果酒中单宁含量为：

$$\omega_{单宁} = \frac{c_{KMnO_4} \times (V_2 - V_1) \times 0.0416}{m} \times 100\%$$

式中　c_{KMnO_4}——高锰酸钾标准溶液的浓度，mol/L

　　　V_1——空白滴定消耗的高锰酸钾溶液的体积，mL

　　　V_2——样品消耗高锰酸钾溶液的体积，mL

　0.0416——1mmol 高锰酸钾溶液氧化单宁的质量（g），g/mmol

　　　m——测定时取样品的质量，g

思考题

1. 样品溶液中加靛红溶液的目的是什么？
2. 空白溶液加活性炭的目的是什么？

实训十四　铁含量测定

一、重铬酸钾标准溶液的配制

任务	任务目标	技能要素
重铬酸钾标准溶液的配制	配制 0.0008mol/L 重铬酸钾标准溶液	溶质用量的计算

仪器试剂

仪器：酸式滴定管、分析天平、称量瓶、容量瓶、移液管等。

试剂：重铬酸钾、蒸馏水。

实训内容

【知识点】

$$c_{K_2Cr_2O_7} = \frac{m_{K_2Cr_2O_7}}{V_{K_2Cr_2O_7} M_{K_2Cr_2O_7}}$$

【能力点】
1. 巩固分析天平差减法称量操作。
2. 巩固容量瓶溶液转移与定容操作。

工作过程

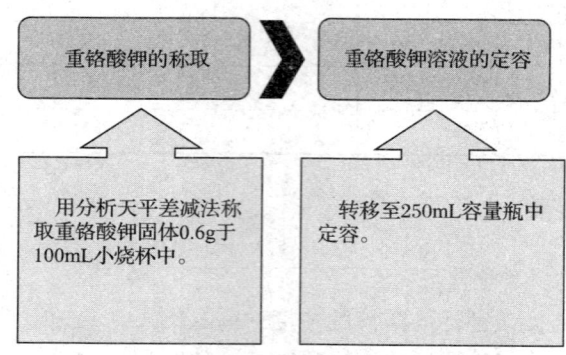

数据记录与结果处理

重铬酸钾质量 m/g	
重铬酸钾的浓度 c/（mol/L）	

$K_2Cr_2O_7$ 浓度的计算：

$$c_{K_2Cr_2O_7} = \frac{m_{K_2Cr_2O_7} \times 1000}{V_{K_2Cr_2O_7} M_{K_2Cr_2O_7}}$$

二、重铬酸钾法测铁

任务	任务目标	技能要素
样品溶液准备	将含铁样溶解处理成待测液	含铁试样的酸溶法 铁的前处理过程 $SnCl_2$、$TiCl_3$、Na_2WO_4 的加入量及出现钨蓝的判断
含铁试样的测定	测出试样中含铁量	指示剂二苯胺磺酸钠的终点颜色变化及数据记录

仪器试剂

仪器：酸式滴定管、分析天平、称量瓶、容量瓶、移液管、烧杯等。

试剂：含铁样、重铬酸钾标准溶液、盐酸、二苯胺磺酸钠、$SnCl_2$、$TiCl_3$、Na_2WO_4、$H_2SO_4 - H_3PO_4$ 混酸等。

实训内容

【知识点】

测定原理：

$$2Fe^{3+} + SnCl_4^{2-} + 2Cl^- \rightarrow 2Fe^{2+} + SnCl_6^{2-}$$

$$Fe^{3+} + Ti^{3+} + H_2O \rightarrow Fe^{2+} + TiO^{2+} + 2H^+$$

$$6Fe^{2+} + Cr_2O_7^{2-} + 14H^+ \rightarrow 6Fe^{3+} + 2Cr^{3+} + 7H_2O$$

【能力点】

1. 巩固酸式滴定管、称量、移液、滴定等基本操作。
2. 学会试样的酸溶解方法。
3. 掌握无汞定铁法的前处理过程，$SnCl_2$、$TiCl_3$、Na_2WO_4的加入量及出现钨蓝的颜色判断。
4. 终点的颜色变化。

工作过程

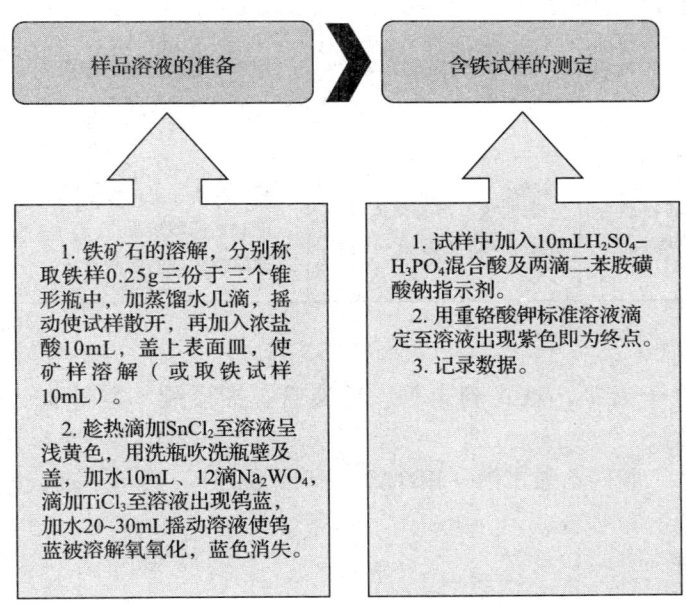

数据记录与结果处理

项目	1号	2号	3号
消耗$K_2Cr_2O_7$标准溶液的体积/mL			
铁含量（以Fe^{2+}计）/（mol/L）			

铁含量的计算：

$$c_{\text{FeSO}_4} = \frac{6c_{\text{K}_2\text{Cr}_2\text{O}_7} V_{\text{K}_2\text{Cr}_2\text{O}_7}}{V_{\text{FeSO}_4}}$$

思考题

1. 为什么矿样还原一份立即滴定一份，而不是三份同时还原后再滴定？
2. 用 $SnCl_2$ 还原大部分 Fe^{3+} 后，加入钨酸钠之前为什么要加入 10mL 水？
3. 以上做的是无汞定铁法，你知道何为有汞定铁法吗？

实训十五　自来水总硬度的测定

一、EDTA 标准溶液的配制与标定

任务	任务目标	技能要素
EDTA 标准溶液的配制和保存	配制 0.05mol/L EDTA 标准溶液	溶质、溶剂用量的计算 一般溶液的配制方法
碳酸钙作基准物质标定 EDTA 标准溶液	掌握用基准物质碳酸钙标定 EDTA 的方法	巩固分析天平的称量操作 碳酸钙的酸溶操作 固体指示剂的配制方法

仪器试剂

仪器：电子天平、碱式滴定管、移液管、锥形瓶、容量瓶、烧杯、试剂瓶等。

试剂：乙二胺四乙酸二钠（EDTA）、基准 $CaCO_3$、钙指示剂、盐酸（1:1）、10% NaOH。

实训内容

【知识点】

测定原理：$Ca^{2+} + H_2Y^{2-} \rightleftharpoons CaY^{2-} + 2H^+$

【能力点】

1. 掌握配位滴定的原理，了解配位滴定的特点。
2. 学习 EDTA 标准溶液的配制和标定方法。
3. 了解金属指示剂的特点，熟悉钙指示剂的使用范围及终点颜色的判断。

工作过程

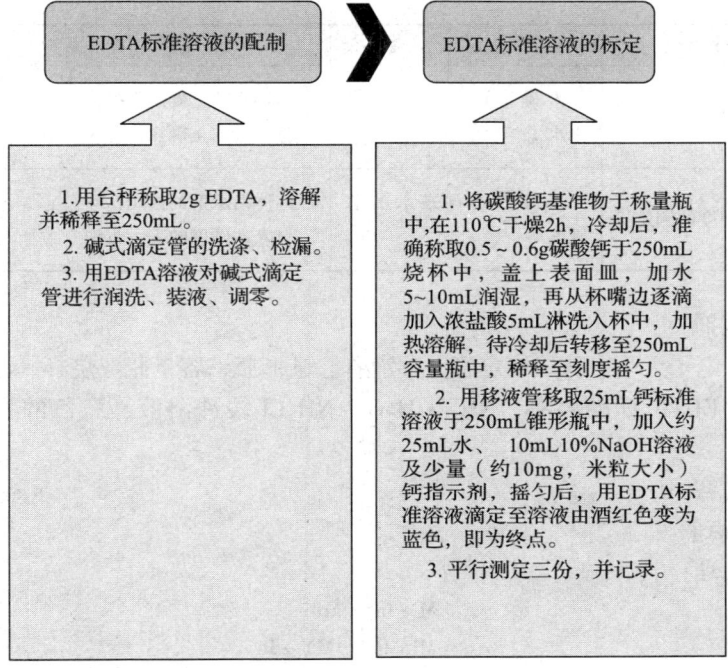

数据记录与结果处理

项目	1号	2号	3号
碳酸钙+称量瓶的质量 m/g			
称量瓶+剩余碳酸钙的质量 m/g			
碳酸钙的质量 m/g			
滴定管初始读数/mL			
滴定管终点读数/mL			
消耗 EDTA 标准溶液的体积 V/mL			
消耗 EDTA 标准溶液的平均体积 V/mL			
EDTA 标准溶液的浓度 c/（mol/L）			

EDTA 标准溶液的浓度计算：

$$c_{\text{EDTA}} = \frac{m_{\text{CaCO}_3} \times 0.025}{M_{\text{CaCO}_3} \times 0.25 \times V_{\text{EDTA}}}$$

二、自来水总硬度的测定

任务	任务目标	技能要素
样品液的准备	准确移取一定量的自来水	锥形瓶的正确烘干操作 移液管的正确操作
自来水总硬度的测定	准确测出自来水的总硬度	固体指示剂的使用 自来水硬度的表示方法

仪器试剂

仪器：电子天平、碱式滴定管、移液管、锥形瓶、容量瓶、烧杯、试剂瓶等。

试剂：EDTA 标准溶液、$NH_3 \cdot H_2O - NH_4Cl$ 缓冲溶液、三乙醇胺、铬黑 T 指示剂等。

实训内容

【知识点】

测定原理：

$$M + In \rightleftharpoons MIn$$
$$MIn + Y \rightleftharpoons MY + In$$

【能力点】

1. 掌握配位滴定的原理，了解配位滴定的特点。

2. 了解不同金属离子滴定的 pH 环境选择、干扰离子排除及指示剂的使用范围、终点颜色的变化。

工作过程

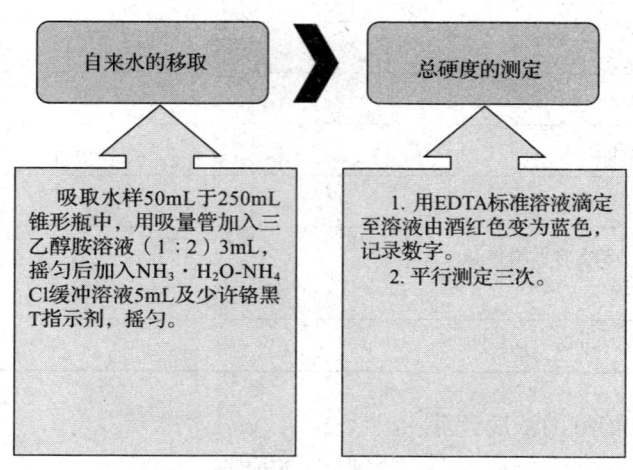

数据记录与结果处理

项目	1号	2号	3号
$V_{水样}$/mL	50	50	50
滴定管初读数/mL	0.00	0.00	0.00
滴定管终读数/mL			
消耗 EDTA 标准溶液的体积/mL			
总硬度（以 $CaCO_3$ 计）/(mg/L)			
总硬度（0）（以 CaO 计）/(mg/L)			

结果计算：

$$总硬度 = \frac{c_{EDTA} V_{EDTA} M_{CaO}}{V_{水样} \times 10} \times 1000 \quad (°d)$$

$$总硬度 = \frac{c_{EDTA} V_{EDTA} M_{CaCO_3}}{V_{水样}} \times 1000 \quad (mg/L)$$

思考题

1. 水的硬度有几种表示方法？
2. 水中若含有 Fe^{3+}、Al^{3+} 等离子，为何干扰测定？应如何消除？

实训十六　食品中钙含量测定

一、钙标准溶液的配制

任务	任务目标	技能要素
钙标准溶液的配制	掌握一般溶液的配制方法	溶质、溶剂用量的计算 分析天平的差减法称量操作 容量瓶的正确使用

仪器试剂

仪器：容量瓶（250mL）、锥形瓶（250mL）、分析天平、烧杯（250mL）、量筒、玻璃棒。

试剂：碳酸钙（纯度大于99.99%，105~110℃烘干2h，放入干燥器备用）、盐酸（1:1）。

实训内容

【知识点】

反应原理：$CaCO_3 + 2HCl \rightarrow CaCl_2 + CO_2 + H_2O$

钙标准溶液浓度的计量关系：$c_{Ca^{2+}} = \dfrac{m_{CaCO_3}}{M_{CaCO_3} \times 250} \times 10$

【能力点】
1. 巩固分析天平的差减法称量技术。
2. 巩固容量瓶的使用技巧。
3. 学习溶液的配制方法。

工作过程

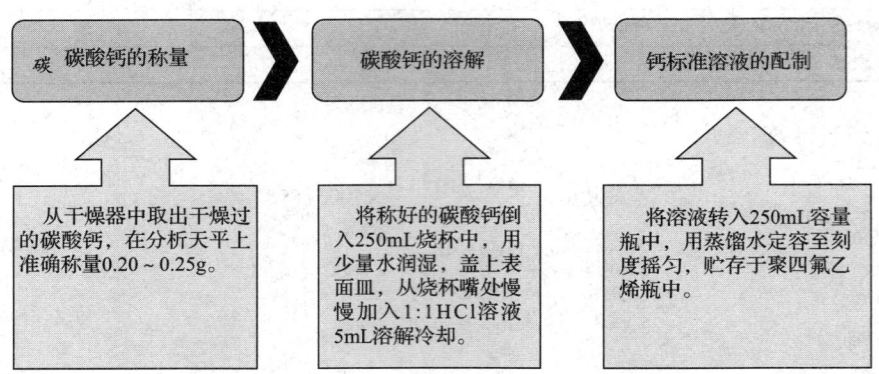

二、EDTA 标准溶液的配制与标定

见实训五。

三、样品的处理

任务	任务目标	技能要素
样品的消化处理	掌握干试样的湿法消化处理	分析天平的正确称量 容量瓶的使用技能 湿法消化方法

仪器试剂

仪器：分析天平、凯氏烧瓶、电炉、玻璃珠、烧杯（100mL）、量筒、容量瓶（50mL）、玻璃棒。

试剂：钙奶饼干、混合消化液（硝酸∶高氯酸＝4∶1）。

实训内容

【知识点】

样品的湿法消化方法。

【能力点】

1. 巩固分析天平的正确使用技能。
2. 掌握样品的消化处理过程，消化液的转移定容操作技能。

工作过程

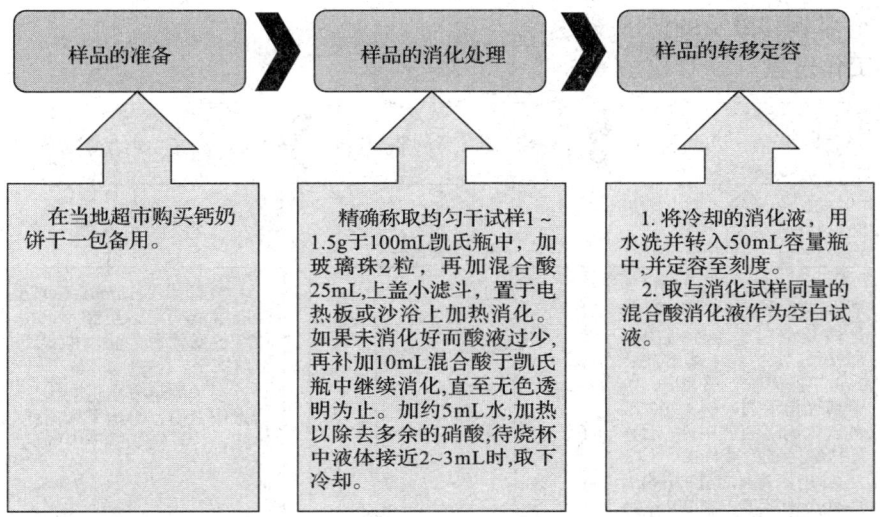

四、钙奶饼干中钙含量的测定

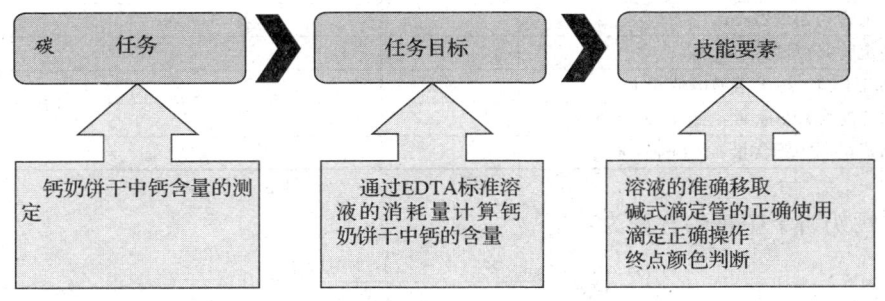

仪器试剂

仪器：酸式滴定管（25mL）、移液管（10mL）、锥形瓶（250mL）、量筒（10mL）。

试剂：钙奶饼干、EDTA 标准溶液、钙指示剂、2mol/L NaOH 溶液、三乙醇胺（75%）：水（1:1）、10% 盐酸羟胺、镁溶液（1g $MgSO_4 \cdot 7H_2O$ 溶于 200mL 水中）、1% 甲基红指示剂。

实训内容

【知识点】

滴定反应原理：$Ca^{2+} + H_2Y^{2-} \rightarrow CaY^{2-} + 2H^+$

【能力点】
1. 巩固酸式滴定管的正确使用技能。
2. 掌握移液管的使用技能。

工作过程

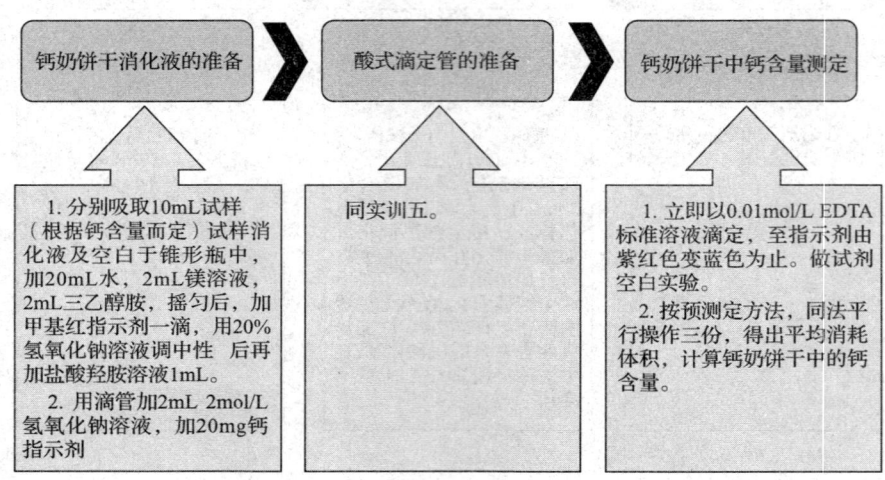

数据记录与结果处理

项目	空白	1号	2号	3号
滴定管初始读数/mL				
滴定管终点读数/mL				
消耗 EDTA 标准溶液的体积 V/mL				
消耗的 EDTA 标准溶液的平均体积 V/mL				
钙奶饼干中钙含量 ω/（mg/100g）				

钙奶饼干中钙的含量为：

$$\omega_{(\text{mg}/100\text{g})} = \frac{c_{\text{EDTA}} \times (V - V_0) \times 40 \times f}{m} \times 100$$

式中　c_{EDTA}——EDTA 标准溶液的浓度，mol/L

　　　V——试样消耗的 EDTA 标准溶液的体积，mL

　　　V_0——空白消耗的 EDTA 标准溶液的体积，mL

　　　40——Ca 的摩尔质量，g/mol

　　　f——稀释倍数

　　　m——试样的质量，g

思考题
1. 作为金属指示剂应具有哪些性质？
2. 配位滴定的原理是什么？

实训十七　结晶 $AlCl_3$ 含量测定

一、EDTA 标准溶液的配制与标定

见实训十五。

二、$ZnCl_2$ 标准溶液的配制与标定

任务	任务目标	技能要素
$ZnCl_2$ 标准溶液的配制	配制 0.02mol/L $ZnCl_2$ 标准溶液	溶质、溶剂用量的计算一般溶液的配制方法
$ZnCl_2$ 标准溶液的标定	准确标定 $ZnCl_2$ 标准溶液的浓度	溶液的准确稀释操作 溶液 pH 的控制 缓冲溶液的应用

仪器试剂

仪器：电子天平、碱式滴定管、移液管、锥形瓶、容量瓶、烧杯、试剂瓶等。
试剂：EDTA 标准溶液、铬黑 T 指示剂、盐酸（1∶1）、氨－氯化铵缓冲溶液。

实训内容

【知识点】

1．测定原理
$$M + In \rightleftharpoons MIn$$
$$MIn + Y \rightleftharpoons MY + In$$

2．结果计算
$$c_{ZnCl_2} = \frac{c_{EDTA} V_{EDTA}}{V_{ZnCl_2}}$$

【能力点】

1．掌握配位滴定的原理，了解配位滴定的特点。
2．学习 $ZnCl_2$ 标准溶液的配制和标定方法。

工作过程

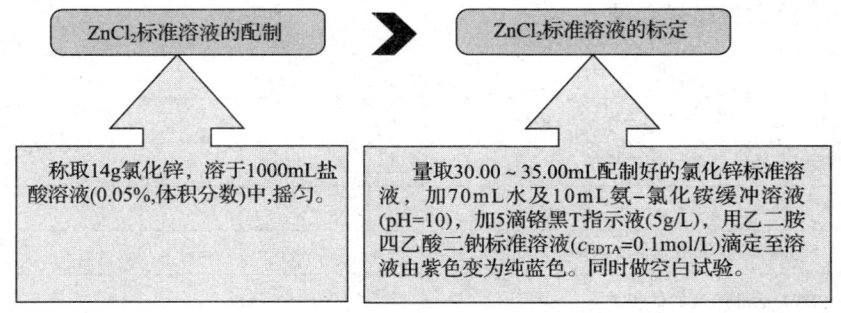

三、结晶 $AlCl_3$ 含量的测定

任务	任务目标	技能要素
$AlCl_3$ 样品的准备	配制 $AlCl_3$ 溶液	巩固分析天平差减法称量
$AlCl_3$ 样品的测定	准确测定 $AlCl_3$ 样品含量	掌握返滴定操作 数据正确记录与处理

仪器试剂

仪器：酸式滴定管、移液管、容量瓶、锥形瓶、分析天平、台秤等。

试剂：0.05mol/L EDTA 标准溶液、固体 $AlCl_3$、0.02mol/L $ZnCl_2$ 标准溶液、乙酸钠溶液（272g/L）、二甲酚橙指示剂等。

实训内容

【能力点】

1. 巩固分析天平差减法称量。
2. 学习返滴定法实验操作。
3. 加强单独操作能力。

工作过程

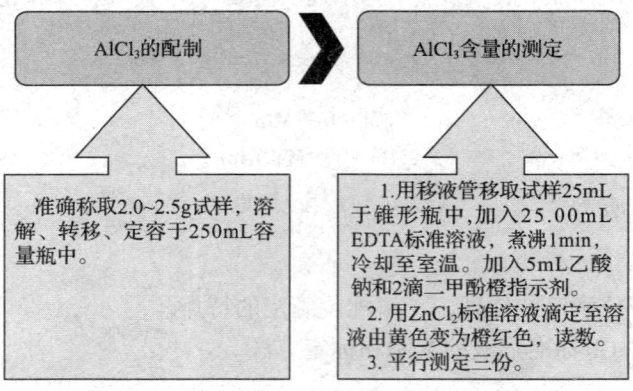

数据记录与结果处理

	滴定
称量瓶和试样的质量（第一次）m/g	
称量瓶和试样的质量（第二次）m/g	
试样的质量 m/g	
EDTA 标准溶液的浓度 $c_{EDTA}/$（mol/L）	
移取 EDTA 标准溶液的体积 V_{EDTA}/mL	

续表

$ZnCl_2$ 标准溶液的浓度 c_{ZnCl_2}/（mol/L）	
滴定消耗 $ZnCl_2$ 标准溶液的体积 V_{ZnCl_2}/mL	
试样中被测组分含量 $\omega_{AlCl_3 \cdot 6H_2O}$/%	
平均值 $\omega_{AlCl_3 \cdot 6H_2O}$/%	
平行测定结果的极差	

$AlCl_3$ 含量计算（以 $AlCl_3 \cdot 6H_2O$ 计）：

$$\omega_{AlCl_3 \cdot 6H_2O} = \frac{(c_{EDTA}V_{EDTA} - c_{ZnCl_2}V_{ZnCl_2}) \times 241.4}{m_{试样}}$$

思考题

1. 为什么要煮沸 1min？作用是什么？
2. 二甲酚橙指示剂的适用条件是什么？用哪种溶液控制？

实训十八　生理盐水中氯化钠含量测定

一、硝酸银标准溶液的配制与标定

任务	任务目标	技能要素
硝酸银标准溶液的配制	掌握硝酸银的配制方法	溶质为 $AgNO_3$，溶剂为 H_2O 配制 100mL 硝酸银标准溶液（0.1mol/L）硝酸银的用量
硝酸银标准溶液的标定	掌握和基准物质氯化钠对 $AgNO_3$ 标准溶液的标定方法	恒温干燥箱的使用 恒重的要求 分析天平的差减法称量操作 酸式滴定管的正确使用 滴定正确操作 吸附指示剂终点颜色判断

仪器试剂

仪器：酸式滴定管（10mL）、锥形瓶（50mL）、分析天平（0.0001g）、容量瓶、量筒、烧杯、刻度吸管（吸量管）、玻璃棒。

试剂：荧光黄指示剂、基准氯化钠、分析纯硝酸银、碳酸钙、糊精溶液。

实训内容：

【知识点】

反应原理：$NaCl + AgNO_3 \rightarrow NaNO_3 + AgCl\downarrow$

【能力点】
1. 巩固分析天平差减法称量技术。
2. 学习 $AgNO_3$ 标准溶液的配制与标定方法。
3. 掌握滴定终点判断及半滴加入操作技术。

工作过程

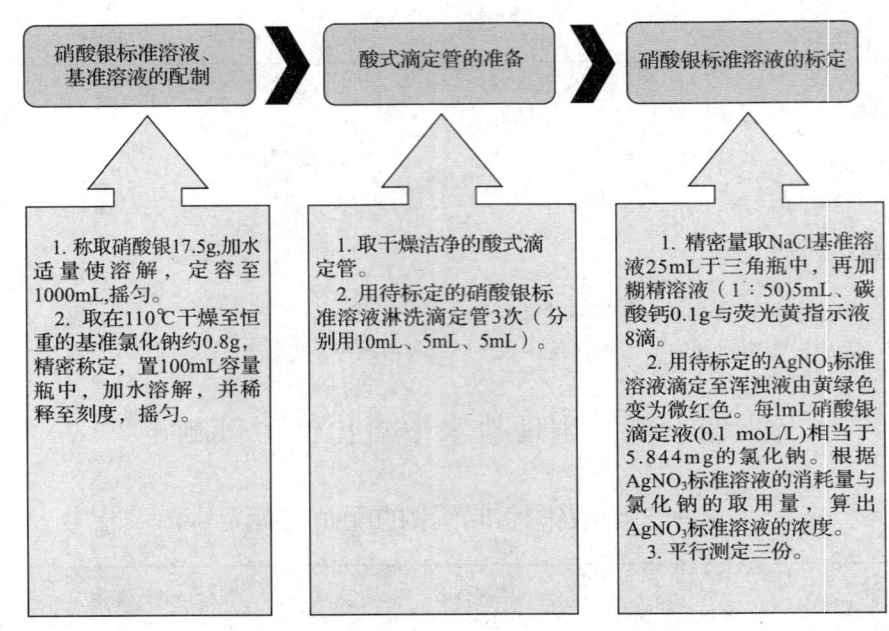

数据记录与结果处理

项目	1号	2号	3号
NaCl + 称量瓶的质量/g			
瓶 + 剩余 NaCl 的质量/g			
NaCl 的质量 m/g			
滴定管初始读数/mL			
滴定管终点读数/mL			
消耗 $AgNO_3$ 标准溶液的体积 V/mL			
$AgNO_3$ 标准溶液的浓度 c_{AgNO_3}/(mol/L)			

AgNO₃标准溶液的浓度计算：

$$c_{AgNO_3} = \frac{m \times 1000 \times c}{V \times T} = \frac{m \times 1000 \times 0.1}{V \times 5.844}$$

式中　m——参与标定的基准物质量，g

　　　c——被标定的AgNO₃标准溶液的名义浓度，0.1mol/L

　　　V——消耗的AgNO₃标准溶液的体积，mL

　　　T——滴定度，$T = 5.844$mg，即每1mL硝酸银滴定液（0.1mol/L）相当于5.844mg的氯化钠

二、氯化钠注射液含量测定

任务	任务目标	技能要素
氯化钠注射液的准确移取	移液管的正确使用，以及和锥形瓶的正确配套使用	定量移取的概念
氯化钠注射液的含量测定	准确测定称取的每份样品中含有待测成分的含量	滴定正确操作 终点颜色判断

仪器试剂

仪器：酸式滴定管（10mL）、锥形瓶（50mL）。

试剂：氯化钠注射液、碳酸钙、糊精、荧光黄指示剂、AgNO₃标准溶液。

实训内容

【知识点】

沉淀反应原理：$AgNO_3 + NaCl \rightarrow AgCl\downarrow + NaNO_3$

【能力点】

巩固酸式滴定管与锥形瓶的正确配套使用技能。

工作过程

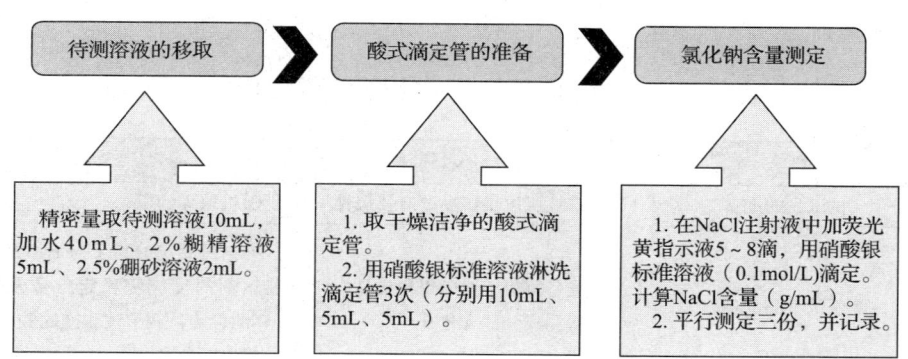

数据记录与结果处理

项目	1号	2号	3号	空白1号	空白2号
滴定管初始读数/mL					
滴定管终点读数/mL					
消耗 AgNO₃ 标准溶液的体积 V/mL					
氯化钠含量/（g/mL）				含量平均值 =	

$$\rho_{NaCl} = \frac{VFT}{V_{供试液} \times 1000} \text{（g/mL）}$$

式中　$V_{供试液}$——参与滴定的样品 NaCl 注射液的体积，mL

　　　　F——校正系数，$F = \dfrac{滴定液标定的浓度}{滴定液的名义浓度}$

　　　　V——消耗的 AgNO₃ 标准溶液的体积，mL

　　　　T——滴定度，$T = 5.844 \text{mg/mL}$，即每 1mL AgNO₃ 标准溶液相当于 5.844mg 的 NaCl

例如，精密移取 NaCl 注射液 10mL，用硝酸银滴定液滴定，消耗 16.02mL，每 1mL 硝酸银滴定液（0.1mol/L）相当于 5.844mg 的氯化钠，$F = 1.026$，则

$$c_{NaCl} \text{（g/mL）} = \frac{16.02 \times 1.026 \times 5.844}{10} = 0.96 \text{（g/mL）}$$

思考题

加入 2.5% 硼砂的作用是什么？

实训十九　枸橼酸铋钾中铋含量测定

一、EDTA 滴定液的配制与标定

见实训五。

二、枸橼酸铋钾中铋含量测定

任务	任务目标	技能要素
供试品的准备	掌握所取供试品要有代表性	随机取样的概念
两份供试品的称取	准备测得称取的每份样品中含有待测成分的含量	根据所测定的离子与 EDTA 主指示剂的反应物稳定常数及受 pH 的影响，调节被测液的酸度。终点颜色判断

仪器试剂

仪器：酸式滴定管（10mL）、锥形瓶（50mL）。

试剂：枸橼酸铋钾、EDTA 滴定液、二甲酚橙指示剂。

实训内容

【知识点】

反应原理：$H_2Y^{-2} + Bi \cdots R \rightarrow$ 生成配位化合物

【能力点】

1. 反应条件：酸度

2. EDTA 与被测离子、与指示剂生成的配位化合物的稳定常数关系，指示剂的变色范围。

3. 解决酸度对反应的影响。

工作过程

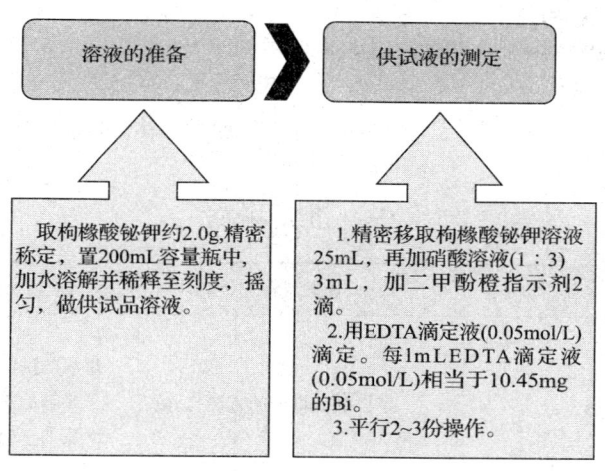

数据记录与结果处理

项目	1号	2号	3号
滴定管初始读数/mL			
滴定管终点读数/mL			
消耗 EDTA 滴定液的体积 V/mL			
铋含量 ω_{Bi}/%			
铋含量平均值 ω_{Bi}/%			

$$\omega_{Bi} = \frac{VFT}{m} \times 100\%$$

式中 m——参与滴定的样品枸橼酸铋钾的质量，g

F——校正系数,$F = \dfrac{\text{滴定液标定的浓度}}{\text{滴定液的名义浓度}}$,如标定出的 EDTA 浓度是 0.05178mol/L,名义浓度是 0.05mol/L,$F = \dfrac{0.05178}{0.05} = 1.036$

V——消耗滴定液的体积,mL

T——滴定度(每 1mL EDTA 滴定液(0.05mol/L)相当于 10.45mg 的 Bi),$T = 10.45\text{mg}$

如:称取样品 2.0012g→200mL,移取 25mL,用 EDTA 滴定,消耗 2.22mL,每 1mL EDTA 滴定液(0.05mol/L)相当于 10.45mg 的 Bi。

$$\text{含量\%}\ (\text{g/g}) = \dfrac{22.22 \times 1.036 \times 10.45}{2.0012 \times 50/200 \times 1000} \times 100\% = 96.17\%$$

思考题

1. 加入硝酸的作用是什么?
2. 为什么测定铋时不加入缓冲液控制酸度?

实训二十 谷物水分含量测定

一、准备坩埚

任务	任务目标	技能要素
准备坩埚	掌握准备坩埚的方法	坩埚的洗涤、预热 干燥箱的正确使用 干燥的正确使用

仪器试剂

仪器:坩埚、干燥箱、干燥器。

试剂:变色硅胶。

实训内容

【知识点】

食品中的水分主要以游离水、结合水、化合水三种形式存在。而在进行检测时,主要是对游离水和结合水的总量进行测定,一般用在 95~105℃下加热干燥或在减压下低温烘烤所减失的质量分数表示。但在此情况下失去的质量并不完全是水分,还包括少量的易挥发成分,如醇类、芳香油等,故又称作"干燥失重"。但一般食品中此类挥发性物质较少,所以通称食品水分。

【能力点】
1. 坩埚的准备方法。
2. 干燥器的使用方法。
3. 干燥箱的使用方法。

工作过程

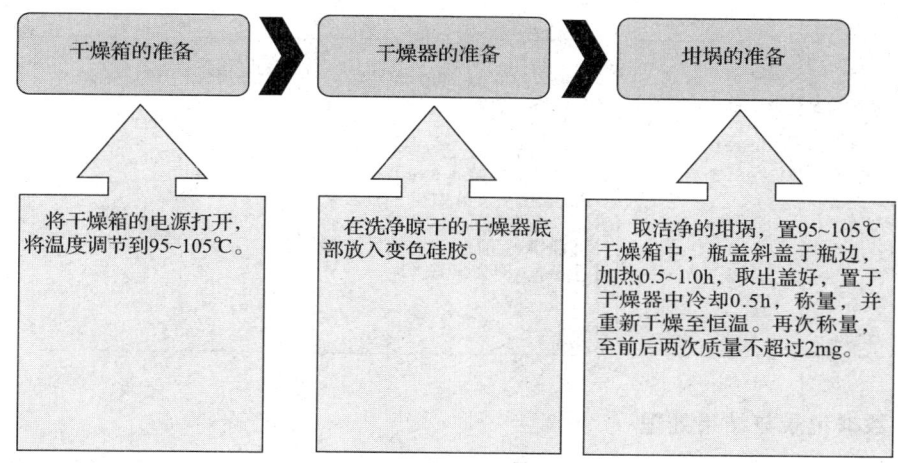

二、样品的称量及水分含量测定

任务	任务目标	技能要素
稻谷的准备	将稻谷进行磨碎	粉碎机的使用
稻谷水分的测定	准确测定稻谷的水分含量	分析天平的使用 水分含量的计算

仪器试剂

仪器：电动粉碎机、干燥箱、分析天平、坩埚、称量瓶、坩埚钳。
试剂：稻谷。

实训内容

【知识点】
稻谷在 95~105℃ 下失去的总质量即为其干燥失重。

【能力点】
1. 干燥箱的正确使用技能。
2. 电动粉碎机的使用技能。
3. 分析天平的正确使用技能。

工作过程

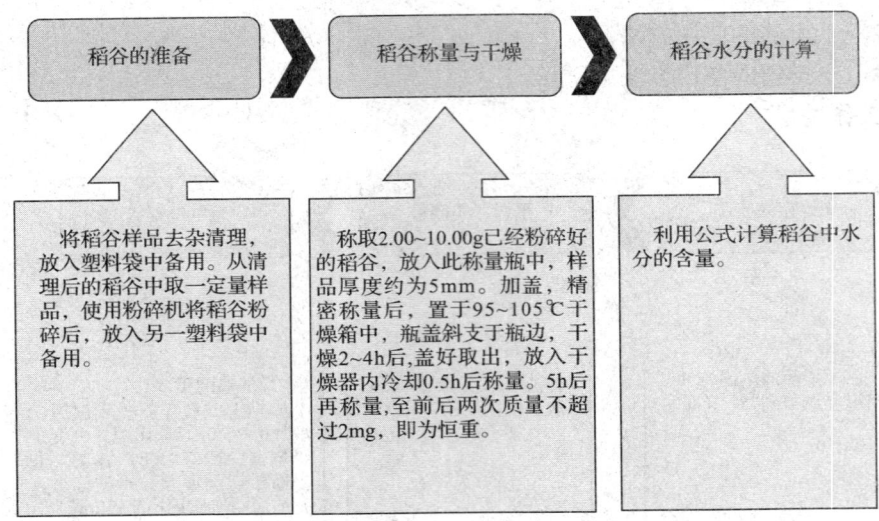

数据记录与结果处理

项目	1号	2号	3号
称量瓶和样品的质量 m_1/g			
称量瓶和样品干燥后的质量 m_2/g			
称量瓶的质量 m_3/g			
稻谷的水分含量 w/%			
稻谷水分平均含量 w/%			

$$w = (m_1 - m_2) / (m_1 - m_3) \times 100\%$$

式中　　w——稻谷中水分的含量，%
　　　　m_1——称量瓶和样品的质量，g
　　　　m_2——称量瓶和样品干燥后的质量，g
　　　　m_3——称量瓶的质量，g

思考题

1. 稻谷中的水分是以哪些形式存在的？
2. 请问稻谷水分和灰分如何进行区分？

实训二十一 果胶含量测定

一、果胶的提取

任务	任务目标	技能要素
原料预处理	对新鲜柑橘皮进行处理	柑橘皮酶失活处理
果胶的提取	酸水解提取的方法 过滤处理 沉淀处理	酸水解提取的操作 过滤操作 沉淀操作

仪器试剂
仪器：烧杯、布氏漏斗、分析天平、水浴锅、回流冷凝器、烘箱。
试剂：新鲜柑橘皮、HCl、95%乙醇。
实训内容
【知识点】
果胶广泛存在于水果和蔬菜中，如苹果中含量为 0.7%~1.5%（以湿品计），在蔬菜中以南瓜含量最多（达 7%~17%）。果胶的基本结构是以 $\alpha-1,4-$糖苷键连接的聚半乳糖醛酸，其中部分羧基被甲酯化，其余的羧基与钾、钠、铵离子结合成盐。

在果蔬中，尤其是在未成熟的水果和果皮中，果胶多数以原果胶形式存在，原果胶通过金属离子桥（比如 Ca^{2+}）与多聚半乳糖醛酸中的游离羧基相结合。原果胶不溶于水，故用酸水解，生成可溶性的果胶，再进行提取、脱色、沉淀、干燥，即为商品果胶。从柑橘皮中提取的果胶是高酯化度的果胶（酯化度在 70% 以上）。在食品工业中常利用果胶制作果酱、果冻和糖果，在汁液类食品中作增稠剂、乳化剂。
【能力点】
1. 学习原料处理的方法。
2. 掌握果胶提取的操作方法。

工作过程

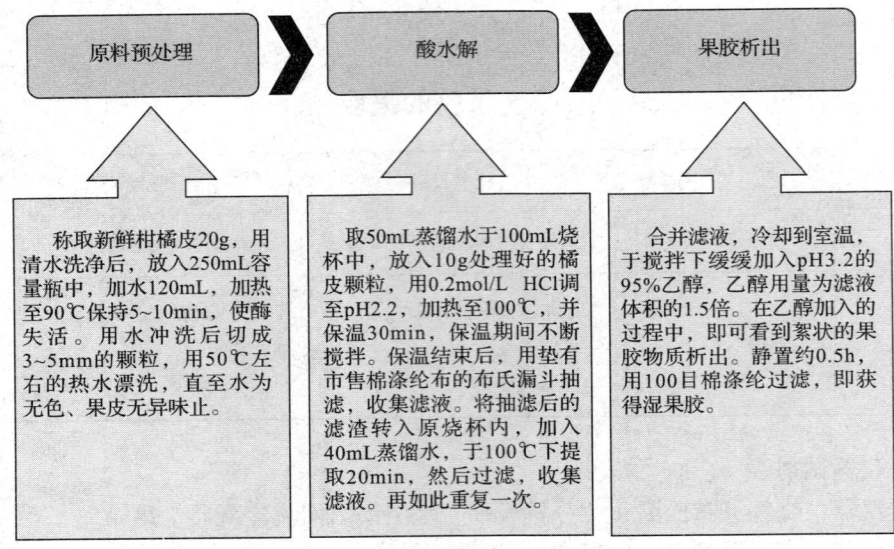

二、果胶含量测定

任务	任务目标	技能要素
果胶含量的测定	测定柑橘皮中的果胶含量	布氏漏斗的正确操作 恒温水浴 终点颜色判断

仪器试剂

仪器：碱式滴定管、精密 pH 试纸、恒温水浴锅、锥形瓶。

试剂：NaOH（0.1mol/L、0.2mol/L）、盐酸（0.2mol/L）、乙醇、中性红指示剂。

实训内容

【知识点】

果胶通常由原果胶、果胶酸酯和果胶酸三种物质组成，这三种物质的基本结构骨架都是半乳糖醛酸。聚半乳糖醛酸是由半乳糖醛酸通过 $\alpha-1,4-$ 糖苷键连接起来的链状化合物。原果胶通常与植物细胞壁的纤维素和半纤维素结合，不溶于水，经酸、碱或酶水解后，产生水溶性的果胶酸酯和果胶酸。果胶酸酯通常是果胶的甲酸酯，经皂化反应产生果胶酸钠和甲醇。果胶物质通常用稀酸水解和提取。果胶酸酯可通过皂化反应测定反应中的耗碱量，来计算它的含量。而果胶酸的含量可用氢氧化钠滴定法进行测定。

原理：原料先用乙醇回流加热以除去非果胶成分（可溶性糖、脂肪、色素等），并用乙醇、乙醚洗涤数次，风干乙醚后的样品再提取果胶，以相应的沉淀剂使果胶物质沉淀析出，干燥，即得到果胶产品。

果胶沉淀剂可分为电解质沉淀剂（如氯化钠、氯化钙等）和有机溶剂沉淀剂（如酒精、丙酮等）两类。前者适用于低酯化度（20%~50%）果胶的沉淀，沉淀前还需以 0.1mol/L NaOH 溶液对果胶进行皂化；后者适用于高酯化度（50%以上）果胶的沉淀，并随着酯化度的升高，所需有机溶剂的浓度加大。

两类沉淀剂所沉淀的果胶含量的计算方法：经沉淀所得的果胶，干燥后称重，再计算出原料中的果胶百分含量。若以有机溶剂作沉淀剂，产品主要为高酯化度的果胶；若以钙盐作沉淀剂，则沉淀产品为果胶酸钙，计算时需换算成果胶酸含量，由果胶酸钙换算成果胶酸的系数为 0.9233，公式如下：

$$果胶酸含量 = 0.9233 m_1/m_2 \times 100 \ (\%)$$

式中　m_1——果胶酸钙的质量，g

　　　m_2——提取用原料质量，g

0.9233——果胶酸钙换算成果胶酸的系数。其依据为果胶酸钙的实验式 $C_{17}H_{22}O_{16}Ca$，式中 Ca 含量 7.67%，果胶酸含量为 92.33%

【能力点】

1. 巩固碱式滴定管的正确使用技能。
2. 掌握滴定终点的判断方法。

工作过程

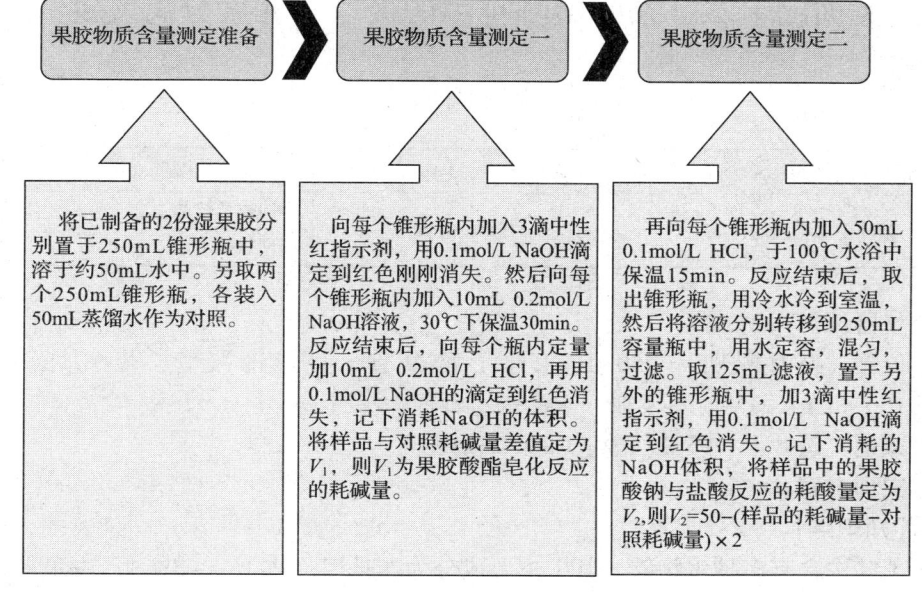

数据记录与结果处理

项目	1号	2号
V_1/mL		
V_2/mL		
果胶酸酯含量/g		
果胶酸的含量/g		
果胶含量/%		
酯化度/%		

计算鲜柑橘皮中果胶酸酯的含量

$$\text{果胶酸酯含量} = V_1 \times 10^{-3} \times 0.1 \times 190 \text{（g）}$$

计算柑橘皮中果胶酸的含量

$$\text{果胶酸的含量} = V_2 \times 10^{-3} \times 176 \text{（g）}$$

计算柑橘皮中果胶物质的百分含量

$$\text{果胶含量} = \text{（果胶酸酯 + 果胶酸）}/\text{样品质量} \times 100 \text{（\%）}$$

计算柑橘皮中果胶的酯化度

$$\text{酯化度} = V_1/V_2 \times 100 \text{（\%）}$$

思考题

1. 从柑橘皮中提取果胶时，提取液的 pH 应当为多少？
2. 提取果胶时加入乙醇的目的是什么？pH 应当控制在什么范围？

实训二十二　茶叶中咖啡因的提取和元素分离鉴定

一、咖啡因的提取

任务	任务目标	技能要素
茶叶中咖啡因的提取	咖啡因的提取	回流装置的正确安装与使用升华回收技术

仪器试剂

仪器：圆底烧瓶（250mL）、球形冷凝管、直形冷凝管、煤气灯、量筒（100 mL）、漏斗、蒸发皿、水浴锅、台秤、沸石。

试剂：茶叶末、95% 乙醇、CaO、NaAc。

实训内容

【知识点】

茶叶中含有多种生物碱，其中主要成分为咖啡因（占 1%~5%）、少量的茶碱和可可豆碱，还含有鞣酸、色素、纤维素和蛋白质等。咖啡因，又称咖啡碱，是嘌呤的衍生物，化学名称为1，3，7-三甲基黄嘌呤，无色针状晶体，弱碱性物质，味苦，能溶于水、乙醇、氯仿。

【能力点】
1. 了解茶叶中咖啡因的功效和作用。
2. 掌握茶叶中咖啡因的提取操作技术。

工作过程

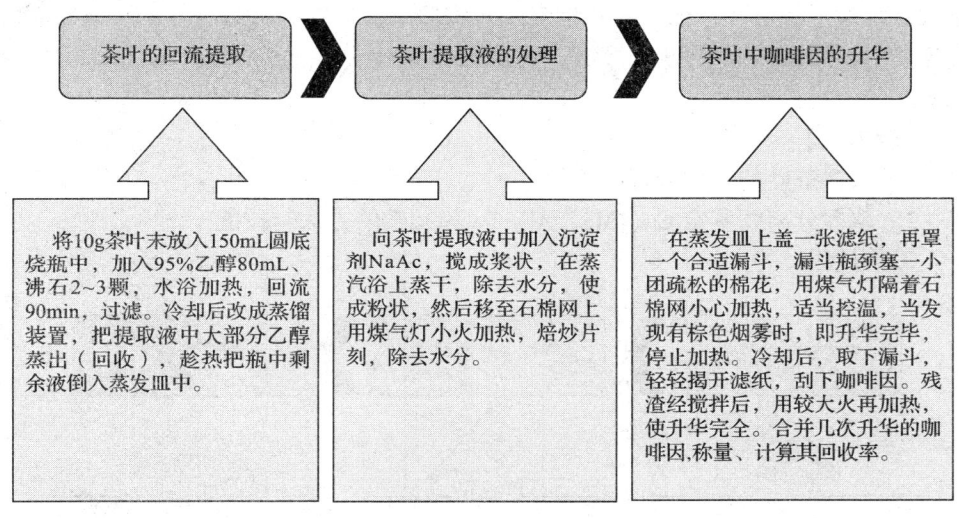

数据记录与结果处理

茶叶的质量/g	
茶叶中咖啡因的质量/g	
咖啡因的含量	

咖啡因的含量 = 茶叶中咖啡因的质量/茶叶的质量×100（%）

二、茶叶中四种元素（Ca、Mg、Al、Fe）的分离与鉴定

任务	任务目标	技能要素
茶叶试样的准备	将茶叶试样进行灰化处理	茶叶的灰化处理
分离并鉴定 Ca、Mg、Al、Fe 四种元素	将茶叶中的 Ca、Mg、Al、Fe 四种元素分离并进行鉴定	离心分离的正确操作 元素基本性质分析

仪器试剂

仪器：离心机、酒精灯、研钵、台秤、长颈漏斗、烧杯、蒸发皿。

试剂：NaOH（2mol/L）、浓氨水（6mol/L）、盐酸（2mol/L）、浓硝酸、$K_4[Fe(CN)_6]$（0.25mol/L）、$(NH_4)_2C_2O_4$（0.5mol/L）、铝试剂、镁试剂。

实训内容

【知识点】

茶叶是有机体，主要由 C、H、N、O 等元素组成，还含有 Ca、Mg、Al、Fe 等微量元素。将茶叶灰化，除几种主要元素形成易挥发物质逸出外，其他元素留在灰烬中，用酸浸取便进入溶液，可从浸取液中分离鉴定 Ca、Mg、Al、Fe 等元素。

【能力点】

1. 掌握茶叶的灰化处理技能。
2. 掌握分离并鉴定 Ca、Mg、Al、Fe 等元素的方法与技能。

工作过程

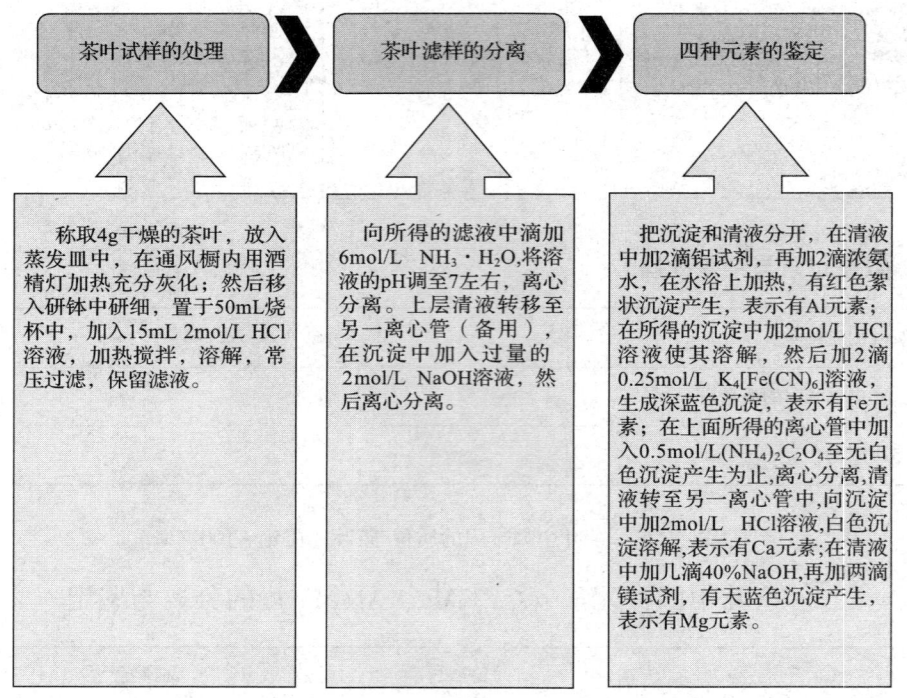

思考题

1. 写出实验中检测四种元素的有关化学方程式。
2. 茶叶中还有哪些元素？如何鉴定？

实训二十三　铁氧体法处理含铬废水

一、模拟含铬废水的配制

任务	任务目标	技能要素
模拟含铬废水的配制	配制铬含量1000mg/L的废水	溶质、溶剂用量计算 一般溶液配制方法

仪器试剂

仪器：容量瓶（100mL）、锥形瓶（250mL）、分析天平（0.0001g）、烧杯（100mL、250mL、400mL）、量筒、玻璃棒。

试剂：$K_2Cr_2O_7$。

实训内容

【知识点】

重金属铬是一种有害物质，对人体及动物有致癌作用，严重污染环境。实验室通过自制铬液来模拟含铬废水。

【能力点】

1. 巩固分析天平差减法称量技术。
2. 学习 $K_2Cr_2O_7$ 溶液的配制方法。

工作过程

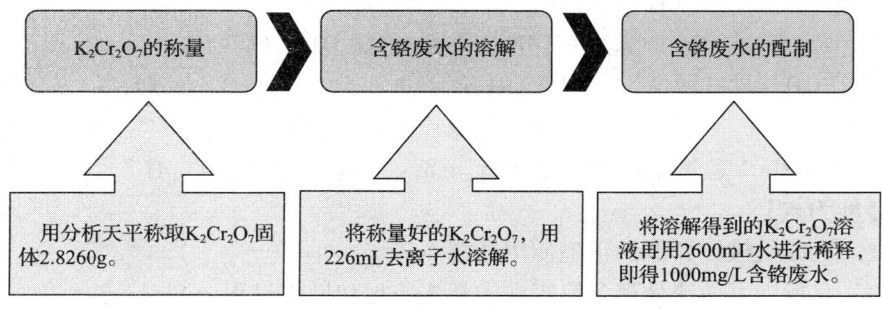

二、含铬废水的氧化处理

任务	任务目标	技能要素
含铬废水的氧化处理	将含铬废水进行氧化	机械搅拌器的正确使用 废水处理正确操作

仪器试剂
仪器：电子天平、机械搅拌器、酒精灯、烧杯、玻璃棒、蒸发皿。
试剂：模拟含铬废水、硫酸亚铁晶体、氢氧化钠、硫酸、H_2O_2（3%）。

实训内容
【知识点】
铁氧体是指由铁离子、氧离子及其他金属离子组成的氧化物晶体。在酸性条件下，Cr^{6+}首先被Fe^{2+}还原为Cr^{3+}，然后调节废水pH至碱性，使其中Cr^{3+}、Fe^{2+}、Fe^{3+}发生共沉淀，反应如下：

$$Cr_2O_7^{2-}(aq) + 6Fe^{2+}(aq) + 14H^+(aq) \rightarrow 2Cr^{3+}(aq) + 6Fe^{3+}(aq) + 7H_2O(l)$$

$$Fe^{2+} + 2OH^- \rightarrow Fe(OH)_2$$

$$Fe^{3+} + 3OH^- \rightarrow Fe(OH)_3$$

$$Cr^{3+} + 3OH^- \rightarrow Cr(OH)_3$$

$$Fe(OH)_3 \rightarrow FeOOH + H_2O$$

$$FeOOH + Fe(OH)_2 \rightarrow FeOOH \cdot Fe(OH)_2$$

$$FeOOH \cdot Fe(OH)_2 + FeOOH \rightarrow FeO \cdot Fe_2O_3 + 2H_2O$$

Cr^{3+}取代Fe^{3+}进入铁氧体晶格，以铁氧体的形式回收。总的反应可表示为：

$$2Cr^{3+} + Fe^{2+} + 8OH^- \rightarrow FeO \cdot Cr_2O_3 + 4H_2O$$

$$6Fe^{3+} + 3Fe^{2+} + 24OH^- \rightarrow 3FeO \cdot Fe_2O_3 + 12H_2O$$

废水中的$Cr_2O_7^{2-}$或CrO_4^{2-}在酸性介质中具有强氧化性，加入还原剂$FeSO_4$可以使Cr^{6+}还原为Cr^{3+}，其主要反应为：

$$Cr_2O_7^{2-}(aq) + 6Fe^{2+}(aq) + 14H^+(aq) \rightarrow 2Cr^{3+}(aq) + 6Fe^{3+}(aq) + 7H_2O(l)$$

在碱性介质中，Cr^{3+}可以生成$Cr(OH)_3(s)$沉淀，其反应为：

$$Cr^{3+}(aq) + 3OH^-(适量) \rightarrow Cr(OH)_3(s) \downarrow$$

$Cr(OH)_3$具有两性，在过量OH^-存在时，会生成CrO_2^-，则有：

$$Cr(OH)_3(s) + OH^-(适量) \rightarrow CrO_2^-(aq) + 2H_2O(l)$$

故要使Cr^{3+}完全转化为$Cr(OH)_3$沉淀，必须控制溶液的pH。

【能力点】
1. 巩固机械搅拌器的正确使用技能。
2. 掌握铁氧体法处理含铬废水的基本原理和操作过程。

工作过程

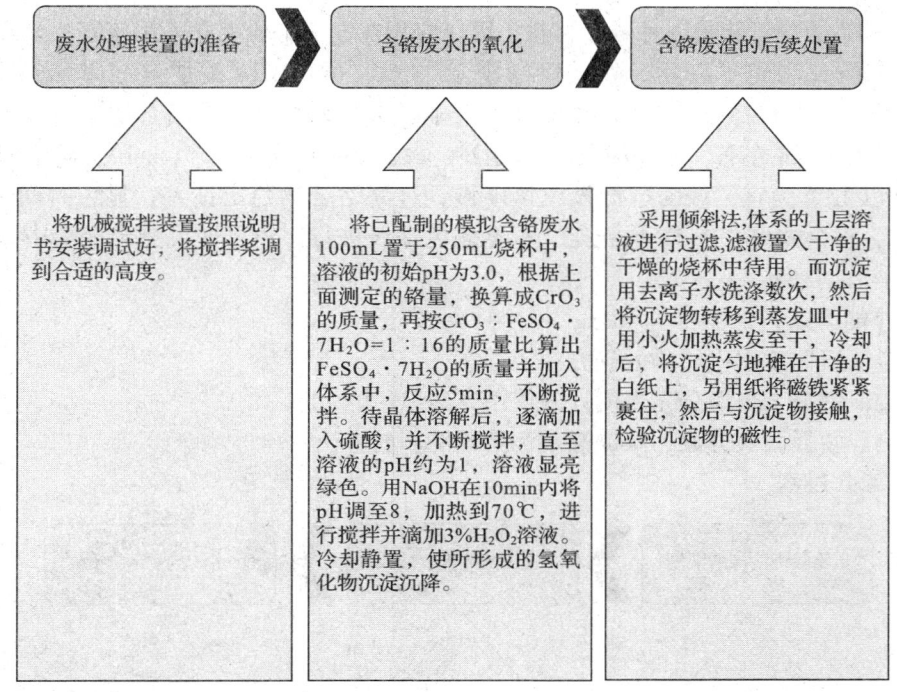

三、过滤废水中铬含量测定（化学分析法）

任务	任务目标	技能要素
重铬酸钾溶液标准曲线的绘制	绘制重铬酸钾溶液标准曲线	移液管与容量瓶的正确搭配与使用技能 721 型分光光度计的使用
过滤废水中铬含量的测定	准确测定过滤废水中铬的含量	溶液的准确移取 废水铬含量的测定方法 滴定正确操作 终点颜色判断

仪器试剂

仪器：酸度计、721 型分光光度计、烧杯、移液管、容量瓶、玻璃棒、漏斗、比色皿、酒精灯。

试剂：含铬废水滤液、$K_2Cr_2O_4$、二苯胺磺酸钠。

实训内容

【知识点】

含铬的铁氧体是一种磁性材料,可以应用在电子工业上。采用该方法处理废水既环保又利用了废物。处理后的废水中 Cr^{6+} 可与二苯酰肼(二苯碳酰肼)(DPCI)在酸性条件下作用产生红紫色络合物来检验结果。该络合物的最大吸收波长为540nm左右,摩尔吸收系数为 $2.6 \times 10^4 \sim 4.17 \times 10^4 L/(mol \cdot cm)$。显色温度以15℃为宜,温度过低显色速度慢,过高络合物稳定性差;显色时间2~3min,络合物可在1.5h内稳定。根据颜色深浅进行比色,即可测定废水中残留的 Cr^{6+} 的含量。

【能力点】

1. 巩固废水中铬的处理方法。
2. 掌握721型分光光度计的使用方法。
3. 掌握固液分离、酸碱滴定和溶液配制的方法。

工作过程

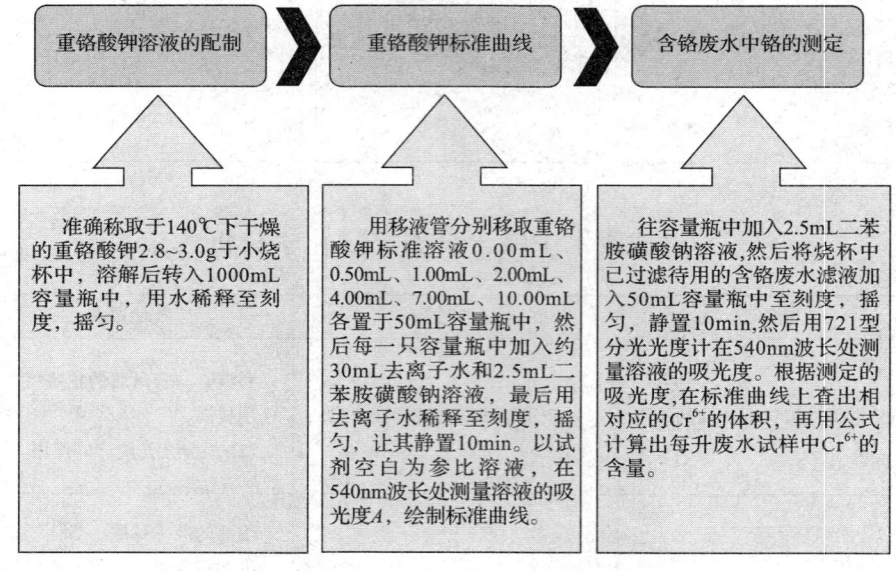

数据记录与结果处理

项目	1号	2号	3号
吸光度 A			
Cr^{6+} 含量/(mg/L)			
Cr^{6+} 平均含量/(mg/L)			

含铬废水中铬含量的计算：

$$Cr^{6+} 含量 = \rho \times 1000/50 \ (mg/L)$$

式中　ρ——在标准曲线上查到的 Cr^{6+} 量，mg/L

　　　50——所取试样的体积，mL

思考题

1. 如果加入 $FeSO_4 \cdot 7H_2O$ 不够，会产生什么效果？
2. 实验得到的铁氧体具有磁性，这种物质的用途有哪些？

附 录

表1 滴定分析中常用的基准物质

基准物质	干燥后的组成	干燥条件和温度	标定对象
碳酸氢钠 $NaHCO_3$	Na_2CO_3	270~300℃	酸
十水合碳酸钠 $Na_2CO_3 \cdot 10H_2O$	Na_2CO_3	270~300℃	酸
硼砂 $Na_2B_4O_7 \cdot 10H_2O$	$Na_2B_4O_7 \cdot 10H_2O$	放在装有NaCl和蔗糖饱和溶液的密闭器皿中	酸
碳酸氢钾 $KHCO_3$	K_2CO_3	270~300℃	酸
二水合草酸 $H_2C_2O_4 \cdot 2H_2O$	$H_2C_2O_4 \cdot 2H_2O$	室温空气干燥	碱或$KMnO_4$
邻苯二甲酸氢钾 $KHC_8H_4O_4$	$KHC_8H_4O_4$	110~120℃	碱
重铬酸钾 $K_2Cr_2O_7$	$K_2Cr_2O_7$	140~150℃	还原剂
溴酸钾 $KBrO_3$	$KBrO_3$	130℃	还原剂
碘酸钾 KIO_3	KIO_3	130℃	还原剂
铜 Cu	Cu	室温干燥器中保存	还原剂
三氧化二砷 As_2O_3	As_2O_3	室温干燥器中保存	氧化剂
草酸钠 $Na_2C_2O_4$	$Na_2C_2O_4$	130℃	氧化剂
碳酸钙 $CaCO_3$	$CaCO_3$	110℃	EDTA
锌 Zn	Zn	室温干燥器中保存	EDTA
氧化镁 MgO	MgO	850℃	EDTA
氧化锌 ZnO	ZnO	900~1000℃	EDTA
氯化钠 NaCl	NaCl	500~600℃	$AgNO_3$
氯化钾 KCl	KCl	500~600℃	$AgNO_3$
硝酸银 $AgNO_3$	$AgNO_3$	220~250℃	氯化物

表2 常用缓冲溶液及其配制方法

溶液名称	配制方法	pH
氯化钾-盐酸	13.0mL 0.2 mol/L的HCl与25.0 mL 0.2 mol/L的KCl混合均匀后，加水稀释至100 mL	1.7
氨基乙酸-盐酸	在500mL水中溶解氨基乙酸150 g，加480mL浓盐酸，再加水稀释至1000 mL	2.3

续表

溶液名称	配制方法	pH
一氯乙酸-氢氧化钠	在200 mL水中溶解2g一氯乙酸后，加40g NaOH，溶解完全后再加水稀释至1000mL	2.8
邻苯二甲酸氢钾-盐酸	把25.0 mL 0.2 mol/L的邻苯二甲酸氢钾溶液与6.0 mL 0.1mol/L的HCl混合均匀，加水稀释至100mL	3.6
邻苯二甲酸氢钾-氢氧化钠	把25.0 mL 0.2 mol/L的邻苯二甲酸氢钾溶液与17.5 mL 0.1mol/L的NaOH混合均匀，加水稀释至100mL	4.8
六亚甲基四胺-盐酸	在200 mL水中溶解六亚甲基四胺40 g，加浓HCl 10 mL，再加水稀释至1L	5.4
磷酸二氢钾-氢氧化钠	把25.0 mL 0.2 mol/L的磷酸二氢钾与23.6 mL 0.1mol/L的NaOH混合均匀，加水稀释至100mL	6.8
硼酸-氯化钾-氢氧化钠	把25.0 mL 0.2 mol/L的硼酸-氯化钾与4.0 mL 0.1 mol/L的NaOH混合均匀，加水稀释至100mL	8.0
氯化铵-氨水	把0.1 mol/L氯化铵与0.1 mol/L氨水以2∶1比例混合均匀	9.1
硼酸-氯化钾-氢氧化钠	把25.0 mL 0.2 mol/L的硼酸-氯化钾与43.9 mL 0.1 mol/L的NaOH混合均匀，加水稀释至100mL	10.0
氨基乙酸-氯化钠-氢氧化钠	把49.0 mL 0.1 mol/L的氨基乙酸-氯化钠与51.0 mL 0.1 mol/L的NaOH混合均匀	11.6
磷酸氢二钠-氢氧化钠	把50.0 mL 0.05 mol/L的Na_2HPO_4与26.9 mL 0.1 mol/L的NaOH混合均匀，加水稀释至100 mL	12.0
氯化钾-氢氧化钠	把25.0 mL 0.2 mol/L的KCl与66.0 mL 0.2 mol/L的NaOH混合均匀，加水稀释至100mL	13.0

表3　　　　　　　　　　标准缓冲液pH与温度对照表

温度/℃	四草酸氢钾 (0.05 mol/L)	邻苯二甲酸氢钾 (0.05mol/L)	混合磷酸盐 (0.025mol/L)	硼砂 (0.01mol/L)
5	1.67	4.00	6.95	9.39
10	1.67	4.00	6.92	9.33
15	1.67	4.00	6.90	9.28
20	1.68	4.00	6.88	9.23
25	1.68	4.00	6.86	9.18
30	1.68	4.01	6.85	9.14
35	1.69	4.02	6.84	9.11

表 4　　　　　　　醋酸－醋酸钠缓冲液配比（0.2mol/L）　　　　　　　单位：mL

pH (18℃)	0.2mol/L NaAc	0.3mol/L HAc	pH (18℃)	0.2mol/L NaAc	0.3mol/L HAc
2.6	0.75	9.25	4.8	5.90	4.10
3.8	1.20	8.80	5.0	7.00	3.00
4.0	1.80	8.20	5.2	7.90	2.10
4.2	2.65	7.35	5.4	8.60	1.40
4.4	3.70	6.30	5.6	9.10	0.90
4.6	4.90	5.10	5.8	9.40	0.60

注：$NaAc \cdot 3H_2O$ 的相对分子质量为 136.09，0.2 mol/L 溶液为 27.22g/L。

表 5　磷酸盐缓冲液配比

表 5－1　　　　　磷酸氢二钠－磷酸二氢钠缓冲液（0.2mol/L）　　　　　单位：mL

pH (18℃)	Na_2HPO_4 (0.2mol/L)	NaH_2PO_4 (0.3mol/L)	pH (18℃)	Na_2HPO_4 (0.2mol/L)	NaH_2PO_4 (0.3mol/L)
5.8	8.0	92.0	7.0	61.0	39.0
5.9	10.0	90.0	7.1	67.0	33.0
6.0	12.3	87.7	7.2	72.0	28.0
6.1	15.0	85.0	7.3	77.0	23.0
6.2	18.5	81.5	7.4	81.0	19.0
6.3	22.5	77.5	7.5	84.0	16.0
6.4	26.5	73.5	7.6	87.0	13.0
6.5	31.5	68.5	7.7	89.5	10.5
6.6	37.5	62.5	7.8	91.5	8.5
6.7	43.5	56.5	7.9	93.0	7.0
6.8	49.5	51.0	8.0	94.7	5.3
6.9	55.0	45.0			

注：$Na_2HPO_4 \cdot 2H_2O$ 的相对分子质量为 178.05，0.2 mol/L 溶液为 35.61g/L；$Na_2HPO_4 \cdot 12H_2O$ 的相对分子质量为 358.22，0.2 mol/L 溶液为 71.64g/L；$NaH_2PO_4 \cdot 2H_2O$ 的相对分子质量为 156.03，0.2 mol/L 溶液为 31.21g/L。

表 5－2　　　　磷酸氢二钠‐磷酸二氢钾缓冲液（1/15 mol/L）　　　　单位：mL

pH（18℃）	Na$_2$HPO$_4$ (1/15 mol/L)	KH$_2$PO$_4$ (1/15 mol/L)	pH（18℃）	Na$_2$HPO$_4$ (1/15 mol/L)	KH$_2$PO$_4$ (1/15 mol/L)
4.92	0.10	9.90	7.17	7.00	3.00
5.29	0.50	9.50	7.38	8.00	2.00
5.91	1.00	9.00	7.73	9.00	1.00
6.24	2.00	8.00	8.04	9.50	0.50
6.47	3.00	7.00	8.34	9.75	0.25
6.64	4.00	6.00	8.67	9.90	0.10
6.81	5.00	5.00	8.18	10.00	0.00
6.98	6.00	4.00			

注：Na$_2$HPO$_4$·2H$_2$O 的相对分子质量为 178.05，1/15mol/L 溶液为 11.876g/L；KH$_2$PO$_4$ 的相对分子质量为 136.09，1/15mol/L 溶液为 9.078g/L。

表 6　　　　碳酸钠－碳酸氢钠缓冲液配比（0.1 mol/L）　　　　单位：mL

pH（20℃）	pH（37℃）	Na$_2$CO$_3$ (0.1mol/L)	NaHCO$_3$ (0.1mol/L)
9.16	8.77	1.00	9.00
9.40	9.12	2.00	8.00
9.51	9.40	3.00	7.00
9.78	9.50	4.00	6.00
9.90	9.72	5.00	5.00
10.14	9.90	6.00	4.00
10.28	10.08	7.00	3.00
10.53	10.28	8.00	2.00
10.83	10.57	9.00	1.00

注：1. Na$_2$CO$_3$·10H$_2$O 的相对分子质量为 286.2，0.1mol/L 溶液为 28.62g/L；NaHCO$_3$ 的相对分子质量为 84.0；0.1mol/L 溶液为 8.40g/L。

2. Ca^{2+}、Mg^{2+} 存在时不得使用。

表 7　　　　常见酸碱指示剂

名　称	pH 变色范围	颜色变化	配制方法
百里酚蓝	1.2～2.8	红～黄	0.1g 百里酚蓝溶于 20mL 乙醇中，加水至 100mL
甲基橙	3.1～4.4	红～黄	0.1g 甲基橙溶于 100mL 热水中

续表

名称	pH 变色范围	颜色变化	配制方法
溴酚蓝	3.0~4.6	黄~紫蓝	0.1g 溴酚蓝溶于 20mL 乙醇中，加水至 100mL
溴甲酚绿	3.6~5.2	黄~蓝	0.1g 溴甲酚绿溶于 20mL 乙醇中，加水至 100mL
甲基红	4.4~6.2	红~黄	0.1g 甲基红溶于 60mL 乙醇中，加水至 100mL
溴百里酚蓝	6.0~7.6	黄~蓝	0.1g 溴百里酚蓝溶于 20mL 乙醇中，加水至 100mL
中性红	6.8~8.0	红~黄橙	0.1g 中性红溶于 60mL 乙醇中，加水至 100mL
酚酞	8.0~10.0	无~红	0.2g 酚酞溶于 90mL 乙醇中，加水至 100mL
百里酚蓝	8.0~9.6	黄~蓝	0.1g 百里酚蓝溶于 20mL 乙醇中，加水至 100mL
百里酚酞	9.4~10.6	无~蓝	0.1g 百里酚酞溶于 90mL 乙醇中，加水至 100mL
茜素黄	10.0~12.1	黄~紫	0.1g 茜素黄溶于 100mL 水中

表 8　　　　　　　　　　常见酸碱混合指示剂

指示剂溶液的组成	变色 pH	颜色		备注
		酸色	碱色	
一份 0.1% 甲基黄-乙醇溶液 一份 0.1% 次甲基蓝乙醇溶液	3.25	蓝紫	绿	pH=3.2 蓝紫色，pH=3.4 绿色
一份 0.1% 六甲氧基三苯甲醇乙醇溶液 一份 0.1% 甲基绿乙醇溶液	4.0	紫	绿	pH=4.0 蓝紫色
一份 0.1% 甲基橙水溶液 一份 0.25% 靛蓝二磺酸水溶液	4.1	紫	黄绿	
一份 0.1% 甲基橙水溶液 一份 0.1% 苯胺蓝水溶液	4.3	紫	绿	
一份 0.1% 溴甲酚绿钠盐水溶液 一份 0.2% 甲基橙水溶液	4.3	橙	蓝绿	pH=3.5 黄色，pH=4.05 绿色，pH=4.3 蓝绿色
三份 0.1% 溴甲酚绿乙醇溶液 一份 0.2% 甲基红乙醇溶液	5.1	酒红	绿	
一份 0.2% 甲基红乙醇溶液 一份 0.1% 次甲基蓝乙醇溶液	5.4	红紫	绿	pH=5.2 红紫色，pH=5.4 暗蓝，pH=5.6 暗绿色
一份 0.1% 氯酚红钠盐水溶液 一份 0.1% 苯胺蓝水溶液	5.8	绿	紫	pH=5.8 淡紫色

附　录

续表

指示剂溶液的组成	变色 pH	颜色		备注
		酸色	碱色	
一份 0.1% 溴甲酚绿钠盐水溶液 一份 0.1% 氯酚红钠盐水溶液	6.1	黄绿	蓝绿	pH=5.4 蓝绿色，pH=5.8 蓝色，pH=6.0 蓝带紫，pH=6.2 蓝紫色
一份 0.1% 溴甲酚紫钠盐水溶液 一份 0.1% 溴百里酚蓝钠盐水溶液	6.7	黄	紫蓝	pH=6.2 黄紫色，pH=6.6 紫色，pH=6.8 蓝紫色
二份 0.1% 溴百里酚蓝钠盐水溶液 一份 0.1% 石蕊精水溶液	6.9	紫	蓝	
一份 0.1% 中性红乙醇溶液 一份 0.1% 次甲基蓝乙醇溶液	7.0	蓝紫	绿	pH=7.0 紫蓝
一份 0.1% 中性红乙醇溶液 一份 0.1% 溴百里酚蓝乙醇溶液	7.2	玫瑰	绿	pH=7.0 玫瑰色，pH=7.2 浅红色，pH=7.4 暗绿色
二份 0.1% 氮萘蓝乙醇 50% 溶液 一份 0.1% 酚红乙醇 50% 溶液	7.3	黄	紫	pH=7.2 橙色，pH=7.4 紫色，放置后颜色逐渐退去
一份 0.1% 溴百里酚蓝钠盐水溶液 一份 0.1% 酚红钠盐水溶液	7.5	黄	紫	pH=7.2 暗绿色，pH=7.4 淡紫色，pH=7.6 深紫色
一份 0.1% 甲酚红钠盐水溶液 三份 0.1% 百里酚蓝钠盐水溶液	8.3	黄	紫	pH=8.2 玫瑰红，pH=8.4 清晰的紫色
二份 0.1% 1-萘酚酞乙醇溶液 一份 0.1% 甲酚红乙醇溶液	8.3	浅红	紫	pH=8.2 淡紫色，pH=8.4 深紫色
一份 0.1% 1-萘酚酞乙醇溶液 三份 0.1% 酚酞乙醇溶液	8.9	浅红	紫	pH=8.6 浅绿色，pH=9.0 紫色
一份 0.1% 酚酞乙醇溶液 二份 0.1% 甲基绿乙醇溶液	8.9	绿	紫	pH=8.8 浅蓝色，pH=9.0 紫色
一份 0.1% 百里酚蓝 50% 乙醇溶液 三份 0.1% 酚酞 50% 乙醇溶液	9.0	黄	紫	从黄到绿，再到紫
一份 0.1% 酚酞乙醇溶液 一份 0.1% 百里酚酞乙醇溶液	9.9	无	紫	pH=9.6 玫瑰红，pH=10 紫色
一份 0.1% 酚酞乙醇溶液 一份 0.2% 尼罗蓝乙醇溶液	10.0	蓝	红	pH=10.0 紫色

续表

指示剂溶液的组成	变色 pH	颜色 酸色	颜色 碱色	备注
二份 0.1% 百里酚酞乙醇溶液 一份 0.1% 茜素黄 R 乙醇溶液	10.2	黄	紫	
二份 0.2% 尼罗蓝水溶液 一份 0.1% 茜素黄 R 乙醇溶液	10.8	绿	红棕	

表 9　　一些氧化还原指示剂的条件电极电势及颜色变化

表 9 – 1　　不依赖 pH 的氧化还原指示剂

指示剂	E^{θ}/V	氧化态颜色	还原态颜色
2,2'-联吡啶钌配离子	+1.33	无色	黄色
5-硝基邻二氮菲亚铁配离子	+1.25	青色	红色
N-苯基邻氨基苯甲酸	+1.08	紫红	无色
1,10-邻二氮菲亚铁配离子	+1.06	青色	红色
羊毛罂红	+1.00	红色	黄色
百草枯	+1.0	蓝色	无色
2,2'-联吡啶亚铁配离子	+0.97	青色	红色
5,6-二甲基邻二氮菲亚铁配离子	+0.97	黄绿	红色
3,3'-二甲氧基联苯胺	+0.85	红色	无色
二苯胺磺酸钠	+0.84	紫红	无色
N,N'-二苯基联苯胺	+0.76	紫色	无色
二苯胺	+0.76	紫色	无色
紫精	+1.0	蓝色	无色

表 9 – 2　　依赖 pH 的氧化还原指示剂

指示剂	E^{θ}/V（在 pH = 0 时）	E^{θ}/V（在 pH = 7 时）	氧化态颜色	还原态颜色
二氯酚靛酚钠	+0.64	+0.22	蓝色	无色
邻甲酚靛钠	+0.62	+0.19	蓝色	无色
硫堇（劳氏紫）	+0.56	+0.06	紫色	无色
亚甲蓝	+0.53	+0.01	蓝色	无色
靛蓝四磺酸	+0.37	−0.05	蓝色	无色
靛蓝三磺酸	+0.33	−0.08	蓝色	无色

续表

指示剂	E^{θ}/V (在 pH=0 时)	E^{θ}/V (在 pH=7 时)	氧化态颜色	还原态颜色
靛蓝胭脂红（靛蓝二磺酸）	+0.29	-0.13	蓝色	无色
靛蓝单磺酸	+0.26	-0.16	蓝色	无色
苯酚番红	+0.28	-0.25	红色	无色
番红 T	+0.24	-0.29	紫红	无色
中性红	+0.24	-0.33	红色	无色

表 10　　常见金属指示剂

名称	使用适宜 pH 范围	颜色变化 In	颜色变化 MIn	直接滴定的离子	配制方法	注意事项
铬黑 T（BT 或 EBT）	8~10	蓝	红	pH=10：Mg^{2+}、Zn^{2+}、Cd^{2+}、Pb^{2+}、Mn^{2+}、稀土元素离子	1:100 NaCl（固体）	Fe^{3+}、Al^{3+} 用三乙醇胺消除干扰；Cu^{2+}、Co^{2+}、Ni^{2+} 等离子用 KCN 消除干扰
二甲酚橙（XO）	<6	亮黄	红	pH<1：ZrO^{2+}；pH=1~2：Bi^{3+}；pH=2.5~3.5：Th^{4+}；pH=5~6：Ti^{3+}、Zn^{2+}、Cd^{2+}、Pb^{2+}、Hg^{2+}、稀土元素离子	0.5% 水溶液	Fe^{3+} 用抗坏血酸消除干扰；Th^{4+}、Al^{3+} 用 NH_4F 掩蔽干扰；Cu^{2+}、Co^{2+}、Ni^{2+} 加邻二氮菲消除干扰
K-B 指示剂	9~10	蓝	红	Cd^{2+}、Mg^{2+}	0.2 酸性铬蓝 K 和 0.2 萘酚绿 B 溶于水	—
酸性铬蓝 K	8~13	蓝	红	pH=10：Mg^{2+}、Zn^{2+}、Mn^{2+}；pH=13：Ca^{2+}	1:100 NaCl（固体）	—
磺基水杨酸（ssal）	1.5~2.5	无色	紫红	pH=1.5~2.5：Fe^{3+}	5% 水溶液	ssal 本身无色，FeY^- 呈黄色
钙指示剂（NN）	12~13	蓝	红	pH=12~13：Ca^{2+}	1:100 NaCl（固体）	Fe^{3+}、Al^{3+}、Th^{4+}、Cu^{2+}、Mn^{2+}、Co^{2+} 等离子可封闭 NN

续表

名 称	使用适宜 pH 范围	颜色变化 In	颜色变化 MIn	直接滴定的离子	配制方法	注意事项
PAN	2~12	黄	紫红	pH = 2~3: Bi^{3+}、Th^{4+} pH = 4~5: Cu^{2+}、Ni^{2+}、Zn^{2+}、Cd^{2+}、Pb^{2+}、Mn^{2+}、Fe^{2+}	0.1% 乙醇溶液	MIn 在水中溶解度小,为防止 PAN 僵化,滴定时需加热

表 11　　　　　　　　　　常见吸附指示剂

名 称	被滴定离子	滴定剂	起点颜色	终点颜色	浓度
荧光黄	Cl^-、Br^-、SCN^-、I^-	Ag^+	黄绿	玫瑰红 橙	0.1% 乙醇溶液
二氯(P)荧光黄	Cl^-、Br^- SCN^- I^-	Ag^+	红紫 玫瑰红 黄绿	蓝紫 红紫 橙	0.1% 乙醇 (60%~70%) 溶液
曙红	Br^-、I^-、SCN^- Pb^{2+}	Ag^+ MoO_4^{2-}	橙 红紫	深红 橙	0.5% 水溶液
溴酚蓝	Cl^-、Br^-、SCN^- I^- TeO_3^{2-}	Ag^+	黄 黄绿 紫红	蓝 蓝绿 蓝	0.1% 钠盐 水溶液
溴甲酚绿	Cl^-	Ag^+	紫	浅蓝绿	0.1% 乙醇溶液(酸性)
二甲酚橙	Cl^- Br^-、I^-	Ag^+	玫瑰红	灰蓝 灰绿	0.2% 水溶液
罗丹明 6G	Cl^-、Br^- Ag^+	Ag^+ Br^-	红紫 橙	橙 红紫	0.1% 水溶液
品红	Cl^- Br^-、I^- SCN^-	Ag^+	红紫 橙 浅蓝	玫瑰红	0.1% 乙醇溶液
刚果红	Cl^-、Br^-、I^-	Ag^+	红	蓝	0.1% 水溶液

续表

名称	被滴定离子	滴定剂	起点颜色	终点颜色	浓度
茜素红 S	SO_4^{2-} $[Fe(CN)_6]^{4-}$	Ba^{2+} Pb^{2+}	黄	玫瑰红	0.4% 水溶液
偶氮氯膦Ⅲ	SO_4^{2-}	Ba^{2+}	红	蓝绿	—
甲基红	F^-	Ce^{3+} $Y(NO_3)_3$	黄	玫瑰红	—
二苯胺	Zn^{2+}	$[Fe(CN)_6]^{4-}$	蓝	黄绿	1% 硫酸(96%)溶液
邻二甲氧基联苯胺	Zn^{2+}, Pb^{2+}	$[Fe(CN)_6]^{4-}$	紫	无色	1% 硫酸溶液
酸性玫瑰红	Ag^+	MoO_4^{2-}	无色	紫红	0.1% 水溶液

中国轻工业出版社生物专业教材目录

高职高专教材
高职制药/生物制药系列

书名	价格
药品营销原理与实务（第二版）（"十二五"职业教育国家规划教材）	40.00 元
微生物制药技术	39.00 元
生物制药技术	34.00 元
药物合成	40.00 元
临床医学概要（第二版）	32.00 元
人体解剖生理学	38.00 元
生物制药工艺学	26.00 元
生物制药技术专业技能实训教程	28.00 元
药理毒理学	42.00 元
药理学	32.00 元
药品分析检验技术	38.00 元
药品营销技术	24.00 元
药品质量管理	28.00 元
药事法规管理	40.00 元
药物质量检测技术	28.00 元
药物制剂技术	40.00 元
药物分析检测技术	32.00 元
制药设备及其运行维护	36.00 元
中药制药技术专业技能实训教程	22.00 元
动物医药专业技能实训教程	23.00 元

高职生物技术系列

书名	价格
氨基酸发酵生产技术（第二版）（"十二五"职业教育国家规划教材）	28.00 元
植物组织培养（"十二五"职业教育国家规划教材，国家级精品课程配套教材）	28.00 元
发酵工艺教程	24.00 元
发酵工艺原理	30.00 元
发酵食品生产技术	39.00 元
化工原理	37.00 元
环境生物技术	28.00 元
基础生物化学	39.00 元
基因工程技术（普通高等教育"十一五"国家级规划教材）	25.00 元
麦芽制备技术	25.00 元
啤酒过滤技术（国家级精品课程配套教材）	15.00 元
啤酒生产技术	35.00 元

啤酒生产理化检测技术	28.00 元
啤酒生产原料	20.00 元
生物分离技术	25.00 元
生物化学	30.00 元
生物化学	38.00 元
生物化学	34.00 元
生物化学实验技术（普通高等教育"十一五"国家级规划教材）	22.00 元
生物检测技术	24.00 元
生物再生能源技术	45.00 元
生物药物检测技术	29.00 元
微生物工艺技术	28.00 元
微生物学	40.00 元
微生物学基础	36.00 元
无机及分析化学	28.00 元
现代基因操作技术	30.00 元
现代生物技术概论	28.00 元
白酒生产技术（第二版）	30.00 元
过程装备及维护	30.00 元
酒精生产技术	36.00 元
发酵调味品生产技术	36.00 元
生物工程基础单元操作技术	32.00 元
中国酒文化概论	24.00 元
黄酒酿造技术	28.00 元
黄酒工艺技术	30.00 元
黄酒品评技术	34.00 元

公共课和基础课教材

检测实验室管理	30.00 元
无机及分析化学	28.00 元
现代仪器分析	28.00 元
化学实验技术	14.00 元
基础化学	27.00 元
有机化学	39.00 元
化验室组织与管理	16.00 元
有机化学	39.00 元
无机及分析化学	30.00 元
化学综合——无机化学	26.00 元
化学综合——分析化学	20.00 元
仪器分析应用技术	25.00 元
现代仪器分析技术	32.00 元

仪器分析	39.00 元
基于 MATLAB 的化工实验技术（汉－英）	20.00 元
大学生安全教育	26.00 元
大学生职业规划与就业指导	34.00 元

中 职 教 材

啤酒酿造技术	28.00 元
微生物学基础	30.00 元
生物化学	36.00 元

职业资格培训教程

白酒酿造工教程（上）	26.00 元
白酒酿造工教程（中）	22.00 元
白酒酿造工教程（下）	38.00 元
白酒酿造培训教程（白酒酿造工、酿酒师、品酒师）	120.00 元

购书办法：各地新华书店，本社网站（www.chlip.com.cn）、当当网（www.dangdang.com）、亚马逊（www.amazon.cn）、京东（www.jd.com），我社读者服务部（联系电话：010－65241695）。